화학전공자를 위한

주기율표 이해하기

허광선 지음

자유아카데미

머리말

우리는 화학이 없는 세상을 상상해 보았습니까? 하루도 생활할 수 없을 것이다. 그만큼 화학은 우리 생활과 밀접한 관계를 맺고 있다. 우리가 생활하고 있는 의식주, 화장품, 의약품, 전자정보소재, 자동차 소재 등 세상은 온통 화학으로 이루어져 있다 해도 과언이 아니다. 화학을 알면 아름답고 편리한 생활을 할 수 있다. 화학은 물질이란 무엇인지, 그리고 그물질을 변화시키는 원리는 어떤 것인지를 밝혀내는 학문이다. 자연계의 물질을 잘게 나누면 최후에는 그 물질의 성질을 밝히는 분자나 원자가 된다. 따라서 원자나 분자는 화학의 가장 기본이 된다. 화학을 공부함에 있어서 가장 먼저 부닥치는 것이 원소기호이다.

1869년 러시아의 화학자 멘델레예프는 원소를 원자량의 증가 순서로 배열하여 근대적인 주기율의 기초를 확립한 뒤 많은 사람들이 여러 모양의 주기율표를 만들었다. 1913년 모즐리는 멘델레예프의 주기율표를 개량하여 원자번호 순으로 원소를 배열하였는데, 이는 성질이 비슷한 원소가 주기적으로 등장하는 현대의 원소주기율표와 유사하였다.

주기율표에는 단주기형(短週期型) 주기율표와 장주기형(長週期型) 주기율표가 있다. 단주기형은 제2, 제3주기(단주기)를 기준으로 배열하여 제4주기 아래로 전형원소와 전이원소가 같은 칸에 배치되었다. 한편, 장주기형은 단주기에서 볼 수 있는 1~7까지의 동족(同族) 내에서의 반복을 연장하여 제1족부터 제18족까지 이루어져 있다. 현재는 장주기형이 널리 쓰인다.

본 원소주기율표 쓰기 교재는 화학을 처음 공부하려는 학생들에게 화학을 재미있게 이해하기 위해 가장 기초가 되는 원소기호를 반복적으로 쓰기를 함으로서 원소기호와 특성을 암기할 목적으로 저술하였다.

원소주기율표 쓰기의 구성은 원소의 분류, 원소별 특성, 주기율표 암기법, 나열식 원소주기율표 쓰기, 장주기형 원소주기율표 쓰기 등으로 구성되어 있다. 본 교재를 통해서 화학을 공부하는 데 조금이나 도움이나 되었으면 하는 바람이다.

2015년 저자 허광선

차례

1. 주기율표(장주기형 주기율표)

원소 기호 → H 1 ← 원자 번호
영어명 → Hydrogen
한글명 → 수소
원자량 → 1.0079

[금속원소]
- 알칼리금속
- 알칼리토금속
- 전이금속
- 그외
- 란타넘족
- 악티늄족

[비금속원소]
- 비활성 기체
- 할로겐
- 칼코겐
- 그외

- ■ 검은색 원소는 고체
- ■ 붉은색 원소는 기체
- ■ 푸른색 원소는 액체
- ■ 노란색 원소는 인공원소

비금속: B, C, N, O, F, Ne, Si, P, S, Cl, Ar, As, Se, Br, Kr, Te, I, Xe, At, Rn, He, H

금속: 그 외

주기＼족	1	2	3	4	5	6	7	8	9	10	11	12	13	14	15	16	17	18
1	H 1 Hydrogen 수소 1.0079																	He 2 Helium 헬륨 4.0026
2	Li 3 Lithium 리튬 6.941	Be 4 Beryllium 베릴륨 9.0122											B 5 Boron 붕소 10.811	C 6 Carbon 탄소 12.011	N 7 Nitrogen 질소 14.0067	O 8 Oxygen 산소 15.9994	F 9 Fluorine 플루오린 18.9984	Ne 10 Neon 네온 20.1797
3	Na 11 Sodium 소듐(나트륨) 22.9898	Mg 12 Magnesium 마그네슘 24.305											Al 13 Aluminium 알루미늄 26.9815	Si 14 Silicon 규소 28.0855	P 15 Phosphorus 인 30.9738	S 16 Sulfur 황 32.0650	Cl 17 Chlorine 염소 35.4533	Ar 18 Argon 아르곤 39.948
4	K 19 Potassium 포타슘(칼륨) 39.0983	Ca 20 Calcium 칼슘 40.078	Sc 21 Scandium 스칸듐 44.9559	Ti 22 Titanium 타이타늄 47.867	V 23 Vanadium 바나듐 50.9415	Cr 24 Chromium 크로뮴 51.9961	Mn 25 Manganese 망가니즈 54.938	Fe 26 Iron 철 55.845	Co 27 Cobalt 코발트 58.9332	Ni 28 Nickel 니켈 58.6934	Cu 29 Copper 구리 63.546	Zn 30 Zinc 아연 65.409	Ga 31 Gallium 갈륨 69.723	Ge 32 Germanium 저마늄 72.64	As 33 Arsenic 비소 74.9216	Se 34 Selenium 셀레늄 78.96	Br 35 Bromine 브로민 79.904	Kr 36 Krypton 크립톤 83.798
5	Rb 37 Rubidium 루비듐 85.4678	Sr 38 Strontium 스트론튬 87.62	Y 39 Yttrium 이트륨 88.9059	Zr 40 Zirconium 지르코늄 91.224	Nb 41 Niobium 나이오븀 92.9064	Mo 42 Molybdenum 몰리브데넘 95.94	Tc 43 Technetium 테크네튬 98.9063	Ru 44 Ruthenium 루테늄 101.07	Rh 45 Rhodium 로듐 102.9055	Pd 46 Palladium 팔라듐 106.42	Ag 47 Silver 은 107.8682	Cd 48 Cadmium 카드뮴 112.411	In 49 Indium 인듐 114.818	Sn 50 Tin 주석 118.71	Sb 51 Antimony 안티모니 121.76	Te 52 Tellurium 텔루륨 127.6	I 53 Iodine 아이오딘 126.9045	Xe 54 Xenon 제논 131.293
6	Cs 55 Cesium 세슘 132.9055	Ba 56 Barium 바륨 137.327	란타넘족	Hf 72 Hafnium 하프늄 178.49	Ta 73 Tantalum 탄탈럼 180.9479	W 74 Tungsten 텅스텐 183.84	Re 75 Rhenium 레늄 186.207	Os 76 Osmium 오스뮴 190.23	Ir 77 Iridium 이리듐 192.217	Pt 78 Platinum 백금 195.078	Au 79 Gold 금 196.9666	Hg 80 Mercury 수은 200.59	Tl 81 Thallium 탈륨 204.3833	Pb 82 Lead 납 207.2	Bi 83 Bismuth 비스무트 208.9804	Po 84 Polonium 폴로늄 208.9824	At 85 Astatine 아스타틴 209.9871	Rn 86 Radon 라돈 222.0176
7	Fr 87 Francium 프랑슘 223.0197	Ra 88 Radium 라듐 226.0254	악티늄족	Rf 104 Rutherfordium 러더포듐 261.1088	Db 105 Dubnium 더브늄 262.1142	Sg 106 Seaborgium 시보귬 266.1219	Bh 107 Bohrium 보륨 264.1247	Hs 108 Hassium 하슘 269.13	Mt 109 Meitnerium 마이트너륨 268.1388	Ds 110 Darmstadtium 다름슈타튬 271.15	Rg 111 Roentgenium 뢴트게늄 272.1535	Uub 112 Ununbium 우눈븀 285	Uut 113 Ununtrium 우눈트륨 278	Uuq 114 Ununquadium 우눈쿠아듐 289	Uup 115 Ununpentium 우눈펜튬 288	Uuh 116 Ununhexium 우눈헥슘 292	Uus 117 Ununseptium 우눈셉튬 –	Uuo 118 Ununoctium 우눈옥튬 293

	주기															
란타넘족 (Lanthanides)	6	La 57 Lanthanum 란타넘 138.9055	Ce 58 Cerium 세륨 140.116	Pr 59 Praseodymium 프라세오디뮴 140.9077	Nd 60 Neodymium 네오디뮴 144.24	Pm 61 Promethium 프로메튬 146.9151	Sm 62 Samarium 사마륨 150.36	Eu 63 Europium 유로퓸 151.964	Gd 64 Gadolinium 가돌리늄 157.25	Tb 65 Terbium 터븀 158.93	Dy 66 Dysprosium 디스프로슘 162.5	Ho 67 Holmium 홀뮴 164.93	Er 68 Erbium 어븀 167.259	Tm 69 Thulium 툴륨 168.9342	Yb 70 Ytterbium 이터븀 173.04	Lu 71 Lutetium 루테튬 174.967
악티늄족 (Actinides)	7	Ac 89 Actinium 악티늄 227.0278	Th 90 Thorium 토륨 232.0381	Pa 91 Protactinium 프로트악티늄 231.0359	U 92 Uranium 우라늄 238.0289	Np 93 Neptunium 넵투늄 237.0482	Pu 94 Plutonium 플루토늄 244.0642	Am 95 Americium 아메리슘 243.0614	Cm 96 Curium 퀴륨 247.0703	Bk 97 Berkelium 버클륨 247.0703	Cf 98 Californium 캘리포늄 251.0796	Es 99 Einsteinium 아인슈타이늄 252.083	Fm 100 Fermium 페르뮴 257.0951	Md 101 Mendelevium 멘델레븀 258.0984	No 102 Nobelium 노벨륨 259.101	Lr 103 Lawrencium 로렌슘 262.1097

2. 주기율표 상식

1) 원자핵과 전자 그리고 원자

원자핵	· 원자의 중심에 있다. · (+)전하를 띠는 양성자와 전하를 띠지 않는 중성자로 이루어져 있으며, 전체적으로 (+)전하를 띠고 있다. · 전자에 비해 질량은 매우 크다. (원자질량의 대부분은 원자핵이 차지한다.) · 원자핵의 (+)전하의 양과 (–)전하의 양이 같아서 원자는 전기적으로는 중성이다. · 원자핵의 (+)전하량은 전자의 (–)전하량을 합한 것과 크기는 같고 부호는 반대이다. ((+)와 (–)의 량이 같아서 중성)
전 자	· 원자핵 주위를 돌며, (–)전하를 띠고 있다. · 양성자와 같은 개수의 전자가 있다.
원 자	· 원자번호는 양성자수와 같다. · 원자는 너무 작아서 우리눈에 보이지 않는다. (수소원자의 지름:$1x10^{-10}$ m) · 원자의 종류는 양성자수에 따라 달라진다. · 원자에 비해 원자핵이 매우 작으므로 원자의 대부분은 빈 공간이다. · 원자핵의 크기는 원자보다 훨씬 작다.($1x10^{-15}$ m)

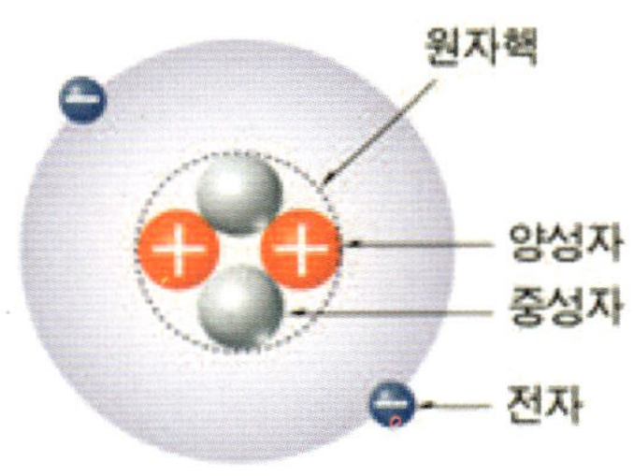

(원자의 구성)

(전자껍질)

2) 주기율 표

원소를 원자번호 순서대로 배열하며 성질이 비슷한 원소들이 주기적으로 나타나게 만든 표를 말한다.

3) 주기율의 발견

멘델레예프	· 원자의 질량이 증가하는 순서대로 배열하면 성질이 비슷한 원소들이 주기적으로 나타나는 것을 발견하고, 비슷한 성질의 원소들이 같은 세로줄에 오도록 배열하여 최초의 주기율표를 완성하였다.
모즐리	· 원소를 원자번호 순서대로 배열하여 현대의 주기율표를 완성하였다.

(멘델레예프)

(모즐리)

4) 족과 주기

족	· 주기율표의 세로줄로 1족에서 18족까지 있다. · 같은 족에 속하는 원소들은 성질이 비슷하다.(동족원소) · 1족(알칼리족) 칼로 쉽게 잘라질 정도로 무른 금속이며, 전기전도성이 있다. 물(염기성)과 격렬하게 반응하여 수소기체가 발생한다. · 17족(할로겐족) 비금속, 전기전도성이 없고, 다른 원소와 반응을 잘한다. 상온에서 특유의 색을 가지며 독성이 있다. · 18족(비활성 기체) 상온에서 모두 기체이며, 다른 원소들과 잘 반응하지 않는다. 다양한 색으로 네온이 여기에 해당되며, 수은은 상온에서 액체 상태이다.
주기	· 1주기에서 7주기까지 있으며, 같은 주기에서는 원자번호가 증가하면 녹는점, 전기전도성, 반응성 등의 성질이 점차적으로 변한다.

5) 금속원소와 비금속원소

금속 원소	· 주기율표의 왼쪽과 중앙에 위치하는 원소이다. · 상온에서 고체로 존재한다.(단, 수은은 액체) · 대부분 은백색의 광택이 있다.	· 열과 전기전도성이 크다.(금, 은, 구리 등은 전기전도성이 매우 크다) · 연성(ductility, 늘어나는 성질)과 전성(malleability, 부서지거나 구부러지지 않고 얇게 변하는 성질)이 좋다.
	용도: 구리(전선, 보일러파이프), 철(건축물의 재료, 철근, 기타 쇠), 알루미늄(자동차 휠, 주방기구), 납(전기, 퓨즈)	
비금속 원소	· 주기율표의 오른쪽에 위치하는 원소 · 연성과 전성이 없다.	· 열과 전기전도성이 매우 작다(녹는점은 대체로 금속원소보다 낮다) · 상온에서 고체나 기체로 존재(단, 브로민은 액체)
	용도: 탄소(연필심, 탄소섬유), 네온(네온사인), 헬륨(기구, 잠수 산소통), 황(화약, 성냥, 비료)	

6) 탄소가 원자량의 기준인 이유

원자량은 그 절댓값이 매우 작으므로 한 원소의 원자를 어떤 일정한 수로 그 기준을 정한 후 나머지를 이 기준에 대한 상대적인 값으로 표시한다.

영국의 과학자 돌턴은 1803년 원자설을 제안하고 원자량표를 제시하였다. 돌턴은 수소 원자의 질량을 1로 하고 이것을 기준으로 다른 원자의 원자량을 정하였는데, 그 원자량은 현재의 원자량과는 큰 차이가 있다. 이것은 돌턴이 물의 분자식을 HO로, 암모니아의 분자식을 NH로 잘못 생각하여 사용하였기 때문이다. 스웨덴의 화학자 베르셀리우스는 1826년 산소 원자의 질량을 100으로 정한 후 이를 기준으로 비교적 정확한 원자량을 발표하였다. 벨기에의 화학자 스타스는 산소 원자를 기준으로 보다 더 정확한 원자량을 발표하였다. 산소를 기준으로 삼았던 것은 산소가 많은 원소들과 반응하여 화합물을 만들기 때문이었다. 현재 사용되고 있는 원자량은 국제원자량이 쓰이는데, 국제순수 및 응용물리연합(IUPAP)과 국제순수 및 응용화학연합(IUPAC)이 1961년 통일원자량으로서 발표, 국제원자량위원회가 이를 채택한 것이다. 탄소의 동위원소 중 탄소12를 기준으로 하여 이것을 원자량 12.00000으로 한 것 이다. 즉, 탄소원자가 6.023×10^{23}개 모이면 그 질량은 12.01115g 이고, 수소원자-산소원자가 6.023×10^{23}개 모이면 각각 1.00797g, 15.9994g인 질량을 가지는 것으로 한다.

3. 원소의 분류

원소를 분류하면 기체, 액체, 고체, 인공원소등 성상으로 분류할 수 있다. 금속과 비금속 원소를 분류하면 알칼리금속, 알칼리토금속, 전이금속, 란타넘족, 악티늄족등 금속원소와 비활성기체와 할로겐 및 칼코겐원소는 비금속원소로 분류할수 있다. 표1은 성상에 따른 원소 분류이며, 표2는 금속과 비금속원소의 분류이다.

원소	분류	원소
원소	기체원소	H, He, N, O, F, Ne, Cl, Ar, Kr, Xe, Rn
	액체원소	Br, Cs, Hg, Fr
	고체원소	그 외 모든 원소
	인공원소	Tc, pm, Np, Pu, Am, Cm, Bk, Cf, Es, Fm, Md, No, Lr, Rf, Db, Sg, Bh, Hs, Mt, Ds, Rg, Uub, Uut, Uuq, Uup, Uuh, Uus, Uuo

표1. 성상에 따른 원소의 분류

원소	구분	분류	원소
원소	금속원소	알칼리금속	Li, Na, K, Rb, Cs, Fr
		알칼리토금속	Ca, Sr, Ba, Ra
		전이금속	Sc, Ti, V, Cr, Mn, Fe, Co, Ni, Cu Y, Zr, Nb, Mo, Tc, Ru, Rh, Pd, Ag Hf, Ta, W, Re, Os, Ir, Pt, Au Rf, Db, Sg, Bh, Hs, Mt, Ds, Rg
		란타넘족	La, Ce, Pr, Nd, pm, Sm, Eu Gd, Tb, Dy, Ho, Er, Tm, Yb, Lu
		악티늄족	Ac, Th, Pa, U, Np, Pu, Am, Cm, Bk, Cf, Es, Fm, Md, No, Lr
		그 외	
	비금속원소	비활성기체	He, Ne, Ar, Kr, Xe, Rn
		할로겐	F, Cl, Br, I, At
		칼코겐	O, S, Se, Te, Po

표2. 금속과 비금속 원소의 분류

4. 원소별 특성

H 1
Hydrogen
수소
1.0079
$1S^1$

화학계열.......	반지름.....53 pm
상 태 273K...... 기체	밀 도.........0.0898 kg/㎥
녹는점..........14.01 K	전도율.....0.1805 W/mK
끓는점..........20.28 K	열...........14300 J/kgK
전기음성도....2.20	Abundance..75 %
전자 친화도...72.8 kJ/mol	발 견..........1766
원자가...........1	용 도...연료전지, 암모니아 합성원료, 마가린의 첨가제
이온화 에너지..1312.0 kJ/mol	

He 2
Helium
헬륨
4.0026
$1S^2$

화학계열.......Noble	반지름.....81pm
상 태 273K.....기체	밀 도.........0.1785 kg/㎥
녹는점..........0 K	전도율.....0.1513 W/mK
끓는점..........4.22 K	열...........5193.1 J/kgK
전기음성도....미지	Abundance..23 %
전자 친화도...0 kJ/mol	발 견..........1895
원자가...........0	용 도....냉각재, 호흡용 봄베, 부양용 및 비행선의 가스
이온화 에너지...2372.3kJ/mol	

Li 3
Lithium
리튬
6.941
$[He]\ 2S^1$

화학계열......Alkaline	반지름.....167 pm
상 태 273K.....고체	밀 도.........535 kg/㎥
녹는점..........453.69 K	전도율.....85 W/mK
끓는점..........1615 K	열...........3570 J/kgK
전기음성도....0.98	Abundance..6.0×10^{-7} %
전자 친화도...59.6 kJ/mol	발 견..........1817
원자가...........1	용 도.... 리튬이온전지, 윤활 그리스, 항공재료
이온화 에너지...520.2 kJ/mol	

Be 4
Beryllium
베릴륨
9.0122
$[He]\ 2S^2$

화학계열.......Alkaline	반지름.....112 pm
상 태 273K.....고체	밀도.........1848 kg/㎥
녹는점..........1560 K	전도율.....190 W/mK
끓는점..........2743 K	열...........1820 J/kgK
전기음성도.....1.57	Abundance..1.00×10^{-7} %
전자 친화도...0 kJ/mol	발 견..........1797
원자가...........2	용 도....중성자의 감속재, X선 원, 고음역 스피커
이온화 에너지...899.5 kJ/mol	

B 5
Boron
붕소
10.811
$[He]\ 2s^2 2p^1$

화학계열.......Boron	반지름.....87 pm
상 태 273K.....고체	밀 도.........2460 kg/㎥
녹는점..........2348 K	전도율.....27 W/mK
끓는점..........4273 K	열...........1030 J/kgK
전기음성도....2.04	Abundance..1.00×10^{-7} %
전자 친화도...26.7 kJ/mol	발 견..........1808
원자가...........3	용 도...내열성 유리, 유리섬유의 원료, 바퀴벌레 퇴치제
이온화 에너지...800.6 kJ/mol	

C 6
Carbon
탄소
12.011
$[He]\ 2s^2 2p^2$

화학계열.......Carbon	반지름.....67 pm
상 태 273K.....고체	밀 도.........2260 kg/㎥
녹는점..........3823 K	전도율.....140 W/mK
끓는점..........4300 K	열...........710 J/kgK
전기음성도....2.55	Abundance..0.50 %
전자 친화도...153.9 kJ/mol	발 견..........미지
원자가...........4	용 도....정수기, 탈취제, 카본 나노 튜브
이온화에너지...1086.5 kJ/mol	

N 7
Nitrogen
질소
14.0067
$[He]\ 2s^2 2p^3$

화학계열.......Pnicogen	반지름.....56 pm
상태 273K.....기체	밀 도.........1.25 1kg/㎥
녹는점..........63.05 K	전도율.....0.02583 W/mK
끓는점..........77.36 K	열...........1040 J/kgK
전기음성도....3.04	Abundance..0.100 %
전자 친화도...7 kJ/mol	발 견..........1772
원자가...........5	용 도....아미노산, 단백질, DNA의 주요원소, 냉각재
이온화에너지...1402.3 kJ/mol	

O 8
Oxygen
산소
15.9994
$[He]\ 2s^2 2p^4$

화학계열.......Chalcogen	반지름.....48 pm
상 태 273K.....기체	밀 도.........1.429 kg/㎥
녹는점.......... 54.81 K	전도율.....0.02658 W/mK
끓는점..........90.02 K	열...........919 J/kgK
전기음성도....3.44	Abundance..1.00 %
전자 친화도...141 kJ/mol	발 견..........1774
원자가...........2	용 도....불소수지, 치약, 냉매, 의약품
이온화에너지...1313.9 kJ/mol	

F 9
Fluorine
플루오린
18.9984
$[He]2s^2 2p^5$

화학계열.......Halogen	반지름.....42 pm
상 태 273K.....기체	밀 도.........1.696 kg/㎥
녹는점..........53.5 K	전도율.....0.0277 W/mK
끓는점..........85.03 K	열...........824 J/kgK
전기음성도....3.98	Abundance..0.000040 %
전자 친화도...328 kJ/mol	발 견..........1856
원자가...........1	용도....불소수지, 치약, 냉매, 의약품
이온화 에너지...1681.0 kJ/mol	

Ne 10
Neon
네온
20.1797
$[He]2s^2 2p^6$

화학계열.......Noble	반지름.....38 pm
상 태 273K.....기체	밀 도.........0.9 kg/㎥
녹는점..........24.56 K	전도율.....0.0491 W/mK
끓는점..........27.07 K	열...........1030.0 J/kgK
전기음성도....미지	Abundance..0.13 %
전자 친화도...0 kJ/mol	발 견..........1838
원자가...........0	용 도....네온사인, 레이저광 발생 원료
이온화에너지...2080.7 kJ/mol	

Na 11
Sodium
소듐(나트륨)
22.9898
$[Ne]3s^1$

화학계열.......Alkaline	반지름.....190 pm
상 태 273K.....고체	밀 도.........968 kg/㎥
녹는점..........370.87 K	전도율.....140 W/mK
끓는점..........1158 K	열...........1230 J/kgK
전기음성도....0.93	Abundance..0.0020 %
전자 친화도...52.8 kJ/mol	발 견..........1807
원자가...........1	용 도....나트륨램프, 식염, 베이킹파우더
이온화 에너지...495.8 kJ/mol	

Mg 12
Magnesium
마그네슘
24.305
$[Ne]3s^2$

화학계열.......Alkaline	반지름.....145 pm
상 태 273K.....고체	밀 도.........1738 kg/㎥
녹는점..........923 K	전도율.....160 W/mK
끓는점..........1363 K	열...........1020 J/kgK
전기음성도....1.31	Abundance..0.060 %
전자 친화도...0 kJ/mol	발 견..........1765
원자가...........2	용 도....마그네슘합금, 클로로필의 구성성분
이온화 에너지...737.7 kJ/mol	

Al 13
Aluminium
알루미늄
26.9815
$[Ne]3s^2 3p^1$

화학계열.......Boron	반지름.....118 pm
상 태 273K.....고체	도.........2700 kg/㎥
녹는점..........933.47 K	전도율.....235 W/mK
끓는점..........2792 K	열...........904 J/kgK
전기음성도....1.61	Abundance..0.0050 %
전자 친화도...42.5 kJ/mol	발 견..........1825
원자가...........3	용 도....알루미늄호일, 알루미늄캔, 위장약
이온화 에너지...577.5 J/mol	

Si 14
Silicon
규소
28.0855
$[Ne]3s^2 3p^2$

화학계열.......Carbon	반지름.....111 pm
상 태 273K.....고체	밀 도.........2330 kg/㎥
녹는점..........1637 K	전도율.....150 W/mK
끓는점..........3173 K	열...........710 J/kgK
전기음성도....1.90	Abundance..0.070 %
전자 친화도...133.6 kJ/mol	발 견..........1824
원자가...........4	용 도....반도체 재료, 세라믹, 시멘트, 유리, 실리콘수지
이온화 에너지...786.5 kJ/mol	

P 15
Phosphorus
인
30.9738
$[Ne]3s^2 3p^3$

화학계열.......Pnictogen	반지름.....98 pm
상 태 273K...... 고체	밀 도.........1823 kg/㎥
녹는점..........317.3 K	전도율.....0.236 W/mK
끓는점..........553.6 K	열...........769.7 J/kgK
전기음성도....2.19	Abundance..0.00070 %
전자 친화도...72 kJ/mol	발 견..........1669
원자가...........5	용 도....식품첨가물, 연마제, 부동액, DNA, 비료
이온화 에너지...1011.8 kJ/mol	

S 16
Sulfur
황
32.0650
$[Ne]3s^2 3p^4$

화학계열.......Chalcogen	반지름.....88 pm
상 태 273K.....고체	밀 도.........1960 kg/㎥
녹는점..........388.36 K	전도율.....0.205 W/mK
끓는점..........717.87 K	열...........705 J/kgK
전기음성도....2.58	Abundance..0.050 %
전자 친화도...200 kJ/mol	발 견..........1500
원자가...........6	용 도....성냥, 흑색화약, 황산, 의약품의 원료
이온화 에너지...999.6 kJ/mol	

Cl 17
Chlorine
염소
35.4533
$[Ne]3s^2 3p^5$

화학계열.......Halogen	반지름.....79 pm
상 태 273K.....기체	밀 도.........3.214 kg/㎥
녹는점..........171.6 K	전도율.....0.0089 W/mK
끓는점..........239.11 K	열...........478.2 J/kgK
전기음성도....3.16	Abundance..0.000100 %
전자 친화도...349 kJ/mol	발 견..........1774
원자가...........7	용 도....표백제, 산화제, 소독제, 염화비닐
이온화 에너지...1251.2 kJ/mol	

Ar 18
Argon
아르곤
39.948
$[Ne]3s^2 3p^6$

화학계열.......Noble	반지름.....71 pm
상 태 273K.....기체	밀 도.........1.784 kg/㎥
녹는점..........87.8 K	전도율.....0.01772 W/mK
끓는점..........87.3 K	열...........520.33 J/kgK
전기음성도....미지	Abundance..1.020 %
전자 친화도...0 kJ/mol	발 견..........1894
원자가...........2	용 도....전구, 형광등, 산화방지가스, 의료용, 레이저
이온화 에너지...1520.6 kJ/mol	

K 19
Potassium
포타슘(칼륨)
39.0983
$[Ar]4s^1$

화학계열.......Alkaline	반지름.....243 pm
상 태 273K.....고체	밀 도.........8.56 kg/m^3
녹는점.........336.53 K	전도율.....100 W/mK
끓는점.........1032 K	열..........757 J/kgK
전기음성도....0.82	Abundance..0.00030 %
전자 친화도...48.4 kJ/mol	발 견.........1807
원자가..........1	용 도....비상용 산소발생제, 광전자소자, 사진의 제판
이온화 에너지...418.8 kJ/mol	

Ca 20
Calcium
칼슘
40.078
$[Ar]4s^2$

화학계열.......Alkaline	반지름.....194 pm
상 태 273K.....고체	밀 도.........1550 kg/m^3
녹는점.........1115 K	전도율.....200 W/mK
끓는점.........1757 K	열..........631 J/kgK
전기음성도....10	Abundance..0.0070 %
전자 친화도...2.37 kJ/mol	발 견.........1808
원자가..........2	용 도....금속의 정련, 건조제, 시멘트
이온화 에너지...589.8 kJ/mol	

Sc 21
Scandium
스칸듐
44.9559
$[Ar]4s^23d^1$

화학계열.......Transition	반지름.....184 pm
상 태 273K.....고체	밀 도.........2985 kg/m^3
녹는점.........1814 K	전도율.....16 W/mK
끓는점.........3103 K	열..........567 J/kgK
전기음성도....1.36	Abundance..$3.0x10^{-8}$ %
전자 친화도...18.1 kJ/mol	발 견.........1373
원자가..........3	용 도....영화촬영용 조명, 경량자전거 프레임
이온화 에너지...633.1 kJ/mol	

Ti 22
Titanium
타이타늄
47.867
$[Ar]4s^23d^2$

화학계열.......Transition	반지름.....176 pm
상 태 273K.....고체	밀 도.........4507 kg/m^3
녹는점.........1941 K	전도율.....22 W/mK
끓는점.........3560 K	열..........520 J/kgK
전기음성도....1.54	Abundance..0.00030 %
전자 친화도...7.6 kJ/mol	발 견.........1791
원자가..........4	용 도....항공기 엔진 및 기체, 등산용 코펠, 형상기억합금, 화장품
이온화 에너지...658.8 kJ/mol	

V 23
Vanadium
바나듐
50.9415
$[Ar]4s^23d^3$

화학계열.......Transition	반지름.....171 pm
상 태 273K.....고체	밀 도.........6110 kg/m^3
녹는점.........2183 K	전도율.....31 W/mK
끓는점.........3680 K	열..........489 J/kgK
전기음성도....1.63	Abundance..0.000100 %
전자 친화도..50.6 kJ/mol	발 견.........1801
원자가..........5	용 도....초전도자석, 탈황, 산화반응촉매, 바나듐합금
이온화 에너지...650.9 kJ/mol	

Cr 24
Chromium
크로뮴
51.9961
$[Ar]4s^23d^5$

화학계열.......Transition	반지름.....166 pm
상 태 273K.....고체	밀 도.........7140 kg/m^3
녹는점.........2180 K	전도율.....94 W/mK
끓는점.........2944 K	열..........448 J/kgK
전기음성도....1.66	Abundance..0.0015 %
전자 친화도...64.3 kJ/mol	발 견.........1797
원자가..........6	용 도....스테인리스냄비, 니크롬, 크롬도금, 산화제
이온화 에너지...652.9 kJ/mol	

Mn 25
Manganese
망가니즈
54.938
$[Ar]4s^23d^5$

화학계열.......Transition	반지름.....161 pm
상 태 273K.....고체	밀 도.........7470 g/m^3
녹는점.........1519 K	전도율.....7.8 /mK
끓는점.........2334 K	열..........479 J/kgK
전기음성도....1.55	Abundance..0.00080
전자 친화도...0 kJ/mol	발 견.........1774
원자가..........7	용 도....망가니즈 건전지, 망가니즈 냄비, 산화제
이온화 에너지...717.3 J/mol	

Fe 26
Iron
철
55.845
$[Ar]4s^23d^6$

화학계열.......Transition	반지름.....156 pm
상 태 273K.....고체	밀도.........7874 kg/m^3
녹는점.........1811 K	전도율.....80 W/mK
끓는점.........3134 K	열..........449 J/kgK
전기음성도....1.83	Abundance..0.11 %
전자 친화도...15.7 kJ/mol	발견.........2000
원자가..........6	용 도 ....철강, 일회용 손난로, 합금, 자성체
이온화 에너지...762.5 kJ/mol	

Co 27
Cobalt
코발트
58.9332
$[Ar]4s^23d^7$

화학계열.......Transition	반지름.....152 pm
상 태 273K.....고체	밀 도.........8900 kg/m^3
녹는점.........1768 K	전도율.....100 W/mK
끓는점.........3200 K	열..........421 J/kgK
전기음성도....1.88	Abundance..0.00030 %
전자 친화도...63.7 kJ/mol	발 견.........1735
원자가..........5	용 도 ....그림물감, 코발트 합금, 전지의 전극
이온화 에너지...760.4 kJ/mol	

Ni 28
Nickel
니켈
58.6934
$[Ar]4s^23d^8$

화학계열.......Transition	반지름.....149 pm
상 태 273K.....고체	밀 도.........8908 kg/m^3
녹는점.........1728 K	전도율.....91 W/mK
끓는점.........3186 K	열..........445 J/kgK
전기음성도....1.91	Abundance..0.0060 %
전자 친화도...112 kJ/mol	발 견.........1751
원자가..........4	용 도 ....니크롬선, 니카드전지(Ni-Cd), TV마스크
이온화 에너지...737.1 kJ/mol	

Cu 29
Copper
구리
63.546
$[Ar]4s^2 3d^{10}$

화학계열.......Transition	반지름.....145 pm
상 태 273K.....고체	밀 도.........8920 kg/㎥
녹는점.........1357.77 K	전도율.....400 W/mK
끓는점.........3200 K	열..........384.4 J/kgK
전기음성도....1.90	Abundance..6.0×10^{-6} %
전자 친화도...118.4 kJ/mol	발 견.........8000
원자가...........4	용 도....주화, 전선, 동상, 청동
이온화 에너지...745.5 kJ/mol	

Zn 30
Zinc
아연
65.409
$[Ar]4s^2 3d^{10}$

화학계열.......Transition	반지름.....142 pm
상 태 273K.....고체	밀 도.........7140 kg/㎥
녹는점.........692.68 K	전도율.....120 W/mK
끓는점.........1180 K	열..........388 J/kgK
전기음성도....1.65	Abundance..0.000030 %
전자 친화도...0 kJ/mol	발 견.........1500
원자가...........2	용 도....놋쇠, 합석, 청색발광 다이오드, 화장품
이온화 에너지...906.4 kJ/mol	

Ga 31
Gallium
갈륨
69.723
$[Ar]4s^2 3d^{10} 4p^1$

화학계열.......Boron	반지름.....136 pm
상 태 273K.....고체	밀 도.........5904 kg/㎥
녹는점.........302.91 K	전도율.....29 W/mK
끓는점.........2477 K	열..........371 J/kgK
전기음성도....1.81	Abundance..1.00×10^{-6} %
전자 친화도...28.9 kJ/mol	발 견.........1875
원자가...........3	용 도....슈퍼컴퓨터, 휴대전화, 전자기기
이온화 에너지...578.8 kJ/mol	

Ge 32
Germanium
저마늄
72.64
$[Ar]4s^2 3d^{10} 4p^2$

화학계열.......Carbon	반지름.....125 pm
상 태 273K.....고체	밀 도.........5323 kg/㎥
녹는점.........1211.4 K	전도율.....60 W/mK
끓는점.........3093 K	열..........321.4 J/kgK
전기음성도....2.01	Abundance..0.000020 %
전자 친화도...119 kJ/mol	발 견.........1886
원자가...........4	용 도.... 트랜지스터, 광다이오드, 적외선렌즈, 건강식품
이온화 에너지...762 kJ/mol	

As 33
Arsenic
비소
74.9216
$[Ar]4s^2 3d^{10} 4p^3$

화학계열.......Pnictogen	반지름.....114 pm
상 태 273K.....고체	밀 도.........5727 kg/㎥
녹는점.........1090 K	전도율.....50 W/mK
끓는점.........887 K	열..........328 J/kgK
전기음성도....2.18	Abundance..8.0×10^{-7} %
전자 친화도..78 kJ/mol	발 견.........1250
원자가...........5	용 도....갈륨비소, 인듐비소등의 반도체재료, 휴대전화
이온화 에너지...947.0 kJ/mol	

Se 34
Selenium
셀레늄
78.96
$[Ar]4s^2 3d^{10} 4p^4$

화학계열.......Chalcogen	반지름.....103 pm
상 태 273K.....고체	밀 도.........4819 kg/㎥
녹는점.........494 K	전도율.....0.52 W/mK
끓는점.........958 K	열..........321.2 J/kgK
전기음성도....2.55	Abundance..3.0×10^{-8} %
전자 친화도...195 kJ/mol	발 견.........1817
원자가...........6	용 도....복사기, 탈모방지샴푸, 산화제, 카메라의 촬상관
이온화 에너지...941.0 kJ/mol	

Br 35
Bromine
브로민
79.904
$[Ar]4s^2 3d^{10} 4p^5$

화학계열.......Halogen	반지름.....161 pm
상 태 273K.....액체	밀 도.........3120 kg/㎥
녹는점.........265.8 K	전도율.....0.12 W/mK
끓는점.........332 K	열..........947.3 J/kgK
전기음성도....2.96	Abundance..7.0×10^{-7} %
전자 친화도...324.5 kJ/mol	발 견.........1826
원자가...........7	용 도...사진감광제, 보라색염료
이온화 에너지...1139.9 kJ/mol	

Kr 36
Krypton
크립톤
83.798
$[Ar]4s^2 3d^{10} 4p^6$

화학계열.......Noble	반지름.....88 pm
상 태 273K.....기체	밀 도.........3.75 kg/㎥
녹는점.........115.79 K	전도율.....0.00943 W/mK
끓는점.........119.93 K	열..........248.05 J/kgK
전기음성도....3.0	Abundance..4.0×10^{-8} %
전자 친화도...0 kJ/mol	발 견.........1898
원자가...........2	용 도.... 자동차의 크립톤 전구, 고속도 촬영플래시
이온화 에너지...1350.8 kJ/mol	

Rb 37
Rubidium
루비듐
85.4678
$[Kr]5s^1$

화학계열.......Alkaline	반지름.....265 pm
상 태 273K.....고체	밀 도.........1532 kg/㎥
녹는점.........312.45 K	전도율.....58 W/mK
끓는점.........961 K	열..........364 J/kgK
전기음성도....0.82	Abundance..1.0×10^{-6} %
전자 친화도...46.9 kJ/mol	발 견.........1851
원자가...........1	용 도....루비듐발진기, 원자시계
이온화 에너지...403.0 kJ/mol	

Sr 38
Strontium
스트론튬
87.62
$[Kr]5s^2$

화학계열.......Alkaline	반지름.....219 pm
상 태 273K.....고체	밀 도.........2630 kg/㎥
녹는점.........1050 K	전도율.....35 W/mK
끓는점.........1655 K	열..........300 J/kgK
전기음성도....0.95	Abundance..4.0×10^{-8} %
전자 친화도...5.03 kJ/mol	발 견.........1790
원자가...........2	용 도....붉은색 불꽃 신호등, 컴퓨터 모니터 유리의 원료
이온화 에너지...549.5 kJ/mol	

Y 39
Yttrium
이트륨
88.9059
[Kr]$5s^24d^1$

화학계열.......Transition	반지름.....212 pm
상 태 273K.....고체	밀 도.........4472 kg/m³
녹는점..........1799 K	전도율.....17 W/mK
끓는점..........3618 K	열...........298 J/kgK
전기음성도.....1.22	Abundance..7.0×10^{-7} %
전자 친화도...29.6 kJ/mol	발 견..........1794
원자가...........3	용 도....레이저재료, 영구자석, 산화물 초전도체
이온화 에너지...600 kJ/mol	

Zr 40
Zirconium
지르코늄
91.224
[Kr]$5s^24d^2$

화학계열.......Transition	반지름.....206 pm
상 태 273K.....고체	밀 도.........6511 kg/m³
녹는점..........2128 K	전도율.....23 W/mK
끓는점..........4682 K	열...........278 J/kgK
전기음성도.....1.33	Abundance..5.0×10^{-8} %
전자 친화도...41.1 kJ/mol	발 견..........1789
원자가...........4	용 도....원자로의 연료봉, 부엌칼, 가위, 우주선의 끝부분
이온화 에너지...640.1 kJ/mol	

Nb 41
Niobium
나이오븀
92.9064
[Kr]$5s^24d^4$

화학계열.......Transition	반지름.....198 pm
상 태 273K.....고체	밀도.........8570 kg/m³
녹는점..........2750 K	전도율.....54 W/mK
끓는점..........5017 K	열...........265 J/kgK
전기음성도.....1.6	Abundance..2.0×10^{-7} %
전자 친화도...86.1 kJ/mol	발견..........1801
원자가...........5	용 도....리니어 모터카, MRI
이온화에너지...652.1.4 kJ/mol	

Mo 42
Molybdenum
몰리브데넘
95.94
[Kr]$5s^24d^5$

화학계열.......Transition	반지름.....190 pm
상 태 273K.....고체	밀 도.........10280 kg/m³
녹는점..........2896 K	전도율.....139 W/mK
끓는점..........4912 K	열...........251 J/kgK
전기음성도.....2.16	Abundance..5.0×10^{-7} %
전자 친화도...71.9 kJ/mol	발 견..........1781
원자가...........6	용 도....오일첨가제, 몰리브데뎀강, 니트로게나아제(효소)
이온화 에너지...684.3 kJ/mol	

Tc 43
Technetium
테크네튬
98.9063
[Kr]$5s^24d^5$

화학계열.......Transition	반지름.....183 pm
상 태 273K.....고체	밀 도.........11500 kg/m³
녹는점..........2430 K	전도율.....51 W/mK
끓는점..........4538 K	열...........63 J/kgK
전기음성도.....1.9	Abundance..0 %
전자 친화도...53 kJ/mol	발 견..........1937
원자가...........7	용 도....골주사 검사, 종양진단제 등의 방사선 진단약
이온화 에너지...702 kJ/mol	

Ru 44
Ruthenium
루테늄
101.07
[Kr]$5s^24d^7$

화학계열.......Transition	반지름.....178 pm
상 태 273K.....고체	밀 도.........12370 kg/m³
녹는점..........2607 K	전도율.....120 W/mK
끓는점..........4423 K	열...........238 J/kgK
전기음성도.....2.2	Abundance..4.0×10^{-7} %
전자 친화도...101.3 kJ/mol	발 견..........1844
원자가...........8	용 도....파라핀 제조촉매, 하드디스크 원판, 저항온도계
이온화 에너지...710.2 kJ/mol	

Rh 45
Rhodium
로듐
102.9055
[Kr]$5s^14d^8$

화학계열.......Transition	반지름.....173 pm
상 태 273K.....고체	밀 도.........12450 kg/m³
녹는점..........2237 K	전도율.....150 W/mK
끓는점..........3968 K	열...........240 J/kgK
전기음성도.....2.28	Abundance..6.0×10^{-8} %
전자 친화도...109.7 kJ/mol	발 견..........1803
원자가...........6	용 도....삼원촉매, 도금 열전대, 반사경
이온화 에너지...719.7 kJ/mol	

Pd 46
Palladium
팔라듐
106.42
[Kr]$4d^{10}$

화학계열.......Transition	반지름.....169 pm
상 태 273K.....고체	밀 도.........12023 kg/m³
녹는점..........1828.05 K	전도율.....72 W/mK
끓는점..........3236 K	열...........240 J/kgK
전기음성도.....2.20	Abundance..20×10^{-7} %
전자 친화도...53.7 kJ/mol	발 견..........1803
원자가...........4	용 도....합성반응의 촉매, 수소흡장합금, 삼원촉매
이온화 에너지...804.4 kJ/mol	

Ag 47
Silver
은
107.8682
[Kr]$5s^14d^{12}$

화학계열.......Transition	반지름.....165 pm
상 태 273K.....고체	밀 도.........10490 kg/m³
녹는점..........1234.93 K	전도율.....430 W/mK
끓는점..........2435 K	열...........235 J/kgK
전기음성도.....1.93	Abundance..6.0×10^{-8} %
전자 친화도...125.6 kJ/mol	발 견..........-3000
원자가...........4	용 도....귀금속, 향균제, 은식기, 감광재료
이온화 에너지...731.0 kJ/mol	

Cd 48
Cadmium
카드뮴
112.411
[Kr]$5s^14d^{13}$

화학계열.......Transition	반지름.....161 pm
상 태 273K.....고체	밀 도.........8650 kg/m³
녹는점..........594.22 K	전도율.....97 W/mK
끓는점..........1040 K	열...........230 J/kgK
전기음성도.....1.69	Abundance..2.0×10^{-7} %
전자 친화도...0 kJ/mol	발 견..........1817
원자가...........2	용 도....니켈-카트뮴전지, 도금, 안료, 도료, 납땜, 형광등
이온화 에너지...867.8kJ/mol	

In 49
Indium
인듐
114.818
[Kr]$5s^2 4d^{10} 5p^1$

화학계열.......Transition	반지름.....156 pm
상 태 273K.....고체	밀 도.........7310 kg/m³
녹는점.........429.75 K	전도율.....82 W/mK
끓는점.........2345 K	열..........233 J/kgK
전기음성도....1.78	Abundance..3.0x10^{-6} %
전자 친화도...28.9 kJ/mol	발 견.........1863
원자가..........3	용 도 : 액정모니터, 태양전지, 발광다이오드, 도전성유리
이온화 에너지....558.3 kJ/mol	

Sn 50
Tin
주석
118.71
[Kr]$5s^2 4d^{10} 4p^2$

화학계열.......Carbon	반지름.....145 pm
상 태 273K.....고체	밀 도.........7310 kg/m³
녹는점.........505.03 K	전도율.....67 W/mK
끓는점.........2875 K	열..........217 J/kgK
전기음성도....1.96	Abundance..4.0x10^{-7} %
전자 친화도...107.8 kJ/mol	발 견.........-3000
원자가..........4	용 도 : 합금, 불투명유리, 향진균제, 방부제
이온화 에너지....708.6 kJ/mol	

Sb 51
Antimony
안티모니
121.76
[Kr]$5s^2 4d^{10} 5p^3$

화학계열.......Pnictogen	반지름.....133 pm
상 태 273K.....고체	밀 도.........6697 kg/m³
녹는점.........903.78 K	전도율.....24 W/mK
끓는점.........1860 K	열..........207 J/kgK
전기음성도....2.05	Abundance..4.0x10^{-8} %
전자 친화도...103.2 kJ/mol	발 견.........-3000
원자가..........5	용 도....방향제, 반도체 재료, 연축전지, 합금
이온화 에너지....834 kJ/mol	

Te 52
Tellurium
텔루륨
127.6
[Kr]$5s^2 4s^{10} 5p^4$

화학계열.......Chalcogen	반지름.....123 pm
상 태 273K.....고체	밀 도.........6240 kg/m³
녹는점.........722.63 K	전도율.....3 W/mK
끓는점.........1261 K	열..........201 J/kgK
전기음성도....2.1	Abundance..9.0x10^{-7} %
전자 친화도...190.2 kJ/mol	발 견.........1783
원자가..........6	용 도....DVD-RAM, 감광드럼, 발광다이오드
이온화 에너지....869.3 kJ/mol	

I 53
Iodine
아이오딘
126.9045
[Kr]$5s^2 4d^{10} 5p^5$

화학계열.......Halogen	반지름.....115 pm
상 태 273K.....고체	밀 도.........0.449 kg/m³
녹는점.........386.85 K	전도율.....4940 W/mK
끓는점.........457.4 K	열..........429.0 J/kgK
전기음성도....2.66	Abundance..1.00x10^{-7} %
전자 친화도...295.2 kJ/mol	발 견.........181
원자가..........7	용 도....소독약, 방부제, 할로겐램프, 아이오딘 녹말반응
이온화 에너지....1008.4 kJ/mol	

Xe 54
Xenon
제논
131.293
[Kr]$5s^2 4d^{10} 5p^6$

화학계열.......Noble	반지름.....108 pm
상 태 273K.....기체	밀 도.........5.9 kg/m³
녹는점.........161.3 K	전도율.....0.00565 W/mK
끓는점.........165.1 K	열..........153.3 J/kgK
전기음성도....2.6	Abundance..1.00x10^{-6} %
전자 친화도...0 kJ/mol	발 견.........1893
원자가..........8	용 도....자동차헤드라이트, 이온엔진, 단열제
이온화 에너지....1170.4 kJ/mol	

Cs 55
Cesium
세슘
132.9055
[Xe]$6s^1$

화학계열.......Alkaline	반지름.....298 pm
상 태 273K.....고체	밀 도.........1879 kg/m³
녹는점.........301.59 K	전도율..... 36 W/mK
끓는점.........944 K	열..........242 J/kgK
전기음성도....0.79	Abundance..8.0x10^{-6} %
전자 친화도...45.5 kJ/mol	발 견.........1860
원자가..........1	용 도....원자시계, 방사선치료, 의료진단, 위성
이온화 에너지....375.7 kJ/mol	

Ba 56
Barium
바륨
137.327
[Xe]$6s^2$

화학계열.......Alkaline	반지름.....253 pm
상 태 273K.....고체	밀 도.........3510 kg/m³
녹는점.........1000 K	전도율.....18 W/mK
끓는점.........2143 K	열..........205 J/kgK
전기음성도....0.89	Abundance.1.00x10^{-6} %
전자 친화도...13.95 kJ/mol	발 견.........1808
원자가..........2	용 도....조영제, 불꽃, 유전체재료
이온화 에너지....502.9 kJ/mol	

La 57
Lanthanum
란타넘
138.9055
[Xe]$6s^2 5d^1$

화학계열.......Lanthanoid	반지름..... 미지
상 태 273K.....고체	밀 도.........6146 kg/m³
녹는점.........1193 K	전도율.....13 W/mK
끓는점.........3737 K	열..........195 J/kgK
전기음성도....1.10	Abundance..2.0x10^{-7} %
전자 친화도...48 kJ/mol	발 견.........1839
원자가..........3	용 도....수소저장합금, 광학렌즈, 라이터 부싯돌
이온화 에너지....538.1 kJ/mol	

Ce 58
Cerium
세륨
140.116
[Xe]$6s^2 4p^1 5d^1$

화학계열.......Lanthanoid	반지름.....미지
상 태 273K.....고체	밀 도.........6689 kg/m³
녹는점.........1071 K	전도율.....11 W/mK
끓는점.........3633 K	열..........192 J/kgK
전기음성도....1.12	Abundance..1.00x10^{-6} %
전자 친화도...50 kJ/mol	발 견.........1803
원자가..........4	용 도....적외선 흡수유리, 연마제, 선글라스, 산화제
이온화 에너지....534.4 kJ/mol	

Pr 59
Praseodymium
프라세오디뮴
140.9077
$[\mathrm{Xe}]6s^{2}4f^{3}$

화학계열.......Lanthanoid	반지름.....247 pm
상 태 273K.....고체	밀 도.........6640 kg/m³
녹는점.........1204 K	전도율.....13 W/mk
끓는점.........3563 K	열..........193 J/kgK
전기음성도....1.13	Abundance..2.0×10^{-7} %
전자 친화도...50 kJ/mol	발 견.........1856
원자가..........4	용 도....유약, 용접작업용 고글, 광섬유
이온화 에너지....527 kJ/mol	

Nd 60
Neodymium
네오디뮴
144.24
$[\mathrm{Xe}]6s^{2}3f^{4}$

화학계열.......Lanthanoid	반지름.....206 pm
상 태 273K.....고체	밀 도.........7010 kg/m³
녹는점.........1294 K	전도율.....17 W/mk
끓는점.........3373 K	열..........190 J/kgK
전기음성도....114	Abundance..1.0×10^{-6} %
전자 친화도...50 kJ/mol	발 견.........1885
원자가..........3	용 도....영구자석, 스피커, 레이저 메스, 착색제
이온화 에너지....533.1 kJ/mol	

Pm 61
Promethium
프로메튬
146.9151
$[\mathrm{Xe}]6s^{2}4f^{5}$

화학계열.......Lanthanoid	반지름.....205 pm
상 태 273K.....고체	밀 도.........7264 kg/m³
녹는점.........1373 K	전도율.....15 W/mk
끓는점.........3273 K	열..........미지
전기음성도....미지	Abundance..0 %
전자 친화도...50 kJ/mol	발 견.........1945
원자가..........3	용 도.... 야광도료, 원자력전지, 글로램프
이온화 에너지....540 kJ/mol	

Sm 62
Samarium
사마륨
150.36
$[\mathrm{Xe}]6s^{2}4f^{6}$

화학계열.......Lanthanoid	반지름.....238 pm
상 태 273K.....고체	밀 도.........7353 kg/m³
녹는점.........1345 K	전도율.....13 W/mk
끓는점.........2076 K	열..........196 J/kgK
전기음성도....1.17	Abundance..5.0×10^{-7} %
전자 친화도...50 kJ/mol	발 견.........1879
원자가..........3	용 도.... 사마륨자석, 전자환원제, 연대측정 레이저재료
이온화에너지....544.5 kJ/mol	

Eu 63
Europium
유로퓸
151.964
$[\mathrm{Xe}]6s^{2}4f^{7}$

화학계열.......Lanthanoid	반지름..... 231 pm
상 태 273K.....고체	밀 도.........5244 kg/m³
녹는점.........1095 K	전도율.....14 W/mk
끓는점.........1800 K	열..........182 J/kgK
전기음성도....미지	Abundance..5.0×10^{-8} %
전자 친화도...50 kJ/mol	발 견.........1901
원자가..........3	용 도....형광등, 형광잉크, 면역반응용 형광표식제
이온화 에너지....547.1 kJ/mol	

Gd 64
Gadolinium
가돌리늄
157.25
$[\mathrm{Xe}]6s^{2}4f^{7}5d^{1}$

화학계열.......Lanthanoid	반지름.....233 pm
상 태 273K.....고체	밀 도.........7901 kg/m³
녹는점.........1586 K	전도율.....11 W/mk
끓는점.........3523 K	열..........240 J/kgK
전기음성도....1.20	Abundance..2.0×10^{-7}%
전자 친화도...50 kJ/mol	발 견.........1880
원자가..........3	용도....자성재료, 조영제, 광자기디스크, 원자소화제
이온화 에너지....593.4 kJ/mol	

Tb 65
Terbium
터븀
158.93
$[\mathrm{Xe}]6s^{2}4f^{9}$

화학계열.......Lanthanoid	반지름.....225 pm
상 태 273K.....고체	밀 도.........8219kg/m³
녹는점.........1629 K	전도율.....11W/mk
끓는점.........3503 K	열..........182J/kgK
전기음성도....미지	Abundance..5.0×10^{-8}%
전자 친화도...50 kJ/mol	발 견.........1843
원자가..........4	용 도... 합금, 인자헤드, 광자기디스크
이온화 에너지....565.8 kJ/mol	

Dy 66
Dysprosium
디스프로슘
162.5
$[\mathrm{Xe}]6s^{2}4f^{10}$

화학계열.......Lanthanoid	반지름.....228 pm
상 태 273K.....고체	밀 도.........8551 kg/m³
녹는점.........1685 K	전도율.....11 W/mk
끓는점.........2840 K	열..........167 J/kgK
전기음성도....1.22	Abundance..2.0×10^{-7} %
전자 친화도...50 kJ/mol	발 견.........1866
원자가..........3	용 도....형광도료, 광자기디스크의 재료
이온화 에너지....573.0 kJ/mol	

Ho 67
Holmium
홀뮴
164.93
$[\mathrm{Xe}]6s^{2}4f^{11}$

화학계열.......Lanthanoid	반지름.....228 pm
상 태 273K.....고체	밀 도.........8551 kg/m³
녹는점.........1747 K	전도율.....16 W/mk
끓는점.........2973 K	열..........167 J/kgK
전기음성도....1.23	Abundance..2.0×10^{-7} %
전자 친화도...50 kJ/mol	발 견.........1878
원자가..........3	용 도.... 홀뮴레이저, 색유리, 분광광도계조정, 최강자장
이온화 에너지....581.0 kJ/mol	

Er 68
Erbium
어븀
167.259
$[\mathrm{Xe}]6s^{2}4f^{12}$

화학계열.......Lanthanoid	반지름.....226 pm
상 태 273K.....고체	밀 도.........9066 kg/m³
녹는점.........1770 K	전도율.....15 W/mk
끓는점.........3141 K	열..........168 J/kgK
전기음성도....1.24	Abundance..2.0×10^{-7} %
전자 친화도...50 kJ/mol	발 견.........1842
원자가..........3	용 도....색유리, 중성자포획재, 시력보호 안경
이온화 에너지....589.3 kJ/mol	

Tm 69

Thulium

툴륨

168.9342

$[Xe]6s^2 4f^{13}$

화학계열.......Lanthanoid	반지름.....222 pm
상 태 273K.....고체	밀 도.........9321 kg/㎥
녹는점..........1818 K	전도율.....17 W/mk
끓는점..........2223 K	열...........160 J/kgK
전기음성도....1.25	Abundance..1.00×10^{-6} %
전자 친화도...50 kJ/mol	발 견..........1879
원자가...........3	용 도....광섬유, 방사선량 측정
이온화 에너지....596.7 kJ/mol	

Yb 70

Ytterbium

이터븀

173.04

$[Xe]6s^2 4f^{14}$

화학계열.......Lanthanoid	반지름.....222 pm
상 태 273K.....고체	밀 도.........6570 kg/㎥
녹는점..........1092 K	전도율.....39 W/mk
끓는점..........1469 K	열...........154 J/kgK
전기음성도....미지	Abundance..2.0×10^{-7} %
전자 친화도...50 kJ/mol	발 견..........1878
원자가...........3	용 도....유리착색제, 콘덴서, 루이스산촉매
이온화 에너지....603.4 kJ/mol	

Lu 71

Lutetium

루테튬

174.967

$[Xe]6s^2 4f^{14} 5d^1$

화학계열.......Lanthanoid	반지름.....217 pm
상 태 273K.....고체	밀 도.........9841 kg/㎥
녹는점..........1936 K	전도율.....16 W/mk
끓는점..........3675 K	열...........154 J/kgK
전기음성도....1.27	Abundance..1.0×10^{-8} %
전자 친화도...50 kJ/mol	발 견..........1907
원자가...........3	용 도....PET장치
이온화 에너지....523.5 kJ/mol	

Hf 72

Hafnium

하프늄

178.49

$[Xe]6s^2 4f^{14} 5d^2$

화학계열.......Transition	반지름.....208 pm
모습273K.....고체	밀도.........13310 kg/㎥
녹는점..........2506 K	전도율.....23 W/mk
끓는점..........4876 K	열...........144 J/kgK
전기음성도....1.3	Abundance..7.0×10^{-8} %
전자 친화도...0 kJ/mol	발견..........1923
원자가...........4	용 도....원자로제어봉, 에스텔화촉매, 합금
이온화 에너지....658.5 kJ/mol	

Ta 73

Tantalum

탄탈럼

180.9479

$[Xe]6s^2 4f^{14} 5d^3$

화학계열.......Transition	반지름..... 200 pm
상 태 273K.....고체	밀 도.........16650 kg/㎥
녹는점..........3290 K	전도율.....57 W/mk
끓는점..........5731 K	열...........140 J/kgK
전기음성도....1.5	Abundance..8.0×10^{-8} %
전자 친화도...31 kJ/mol	발 견..........1802
원자가...........5	용 도....인공뼈, 임플란트재료, 전해콘덴서의 전극
이온화 에너지....761 kJ/mol	

W 74

Tungsten

텅스텐

183.84

$[Xe]6s^2 4f^{14} 5d^4$

화학계열.......Transition	반지름.....193 pm
상 태 273K.....고체	밀 도.........19250 kg/㎥
녹는점..........3695 K	전도율.....170 W/mk
끓는점..........5828 K	열...........132 J/kgK
전기음성도....2.36	Abundance..5.0×10^{-8} %
전자 친화도...78.6 kJ/mol	발 견..........1783
원자가...........6	용 도....필라멘트, 볼펜, 절삭재료, 치과용드릴, 텅스텐강
이온화 에너지....770 kJ/mol	

Re 75

Rhenium

레늄

186.207

$[Xe]6s^2 4f^{14} 5d^5$

화학계열.......Transition	반지름.....188 pm
상 태 273K.....고체	밀 도.........21020 kg/㎥
녹는점..........3459 K	전도율.....48 W/mk
끓는점..........5869 K	열...........137 J/kgK
전기음성도....1.9	Abundance..2.0×10^{-8} %
전자 친화도...14.5 kJ/mol	발 견..........1925
원자가...........7	용 도....수소화촉매, 고온열전대, 질량분석계, 필라멘트
이온화 에너지....760 kJ/mol	

Os 76

Osmium

오스뮴

190.23

$[Xe]6s^2 4f^{14} 5d^6$

화학계열.......Transition	반지름.....185 pm
상 태 273K.....고체	밀 도.........22610 kg/㎥
녹는점..........3306 K	전도율.....88 W/mk
끓는점..........5285 K	열...........130 J/kgK
전기음성도....2.2	Abundance..3.0×10^{-7} %
전자 친화도...106.1 kJ/mol	발 견..........1803
원자가...........8	용도....만년필펜촉, 산화제, 전자현미경 표본제작시약
이온화 에너지....840 kJ/mol	

Ir 77

Iridium

이리듐

192.217

$[Xe]6s^2 4f^{14} 5d^7$

화학계열.......Transition	반지름.....180 pm
상 태 273K.....고체	밀 도.........22650 kg/㎥
녹는점..........2739 K	전도율.....150 W/mk
끓는점..........4701 K	열...........131 J/kgK
전기음성도....2.20	Abundance..2.0×10^{-7} %
전자 친화도...151 kJ/mol	발 견..........1803
원자가...........8	용도....만년필펜촉, 나침반, 자동차의 스파크, 플러그
이온화 에너지....880 kJ/mol	

Pt 78

Platinum

백금

195.078

$[Xe]6s^2 4f^{14} 5d^9$

화학계열.......Transition	반지름.....177 pm
상 태 273K.....고체	밀 도.........21090 kg/㎥
녹는점..........2041.4 K	전도율.....72 K
끓는점..........4098 K	열...........133 J/kgK
전기음성도....2.28	Abundance..5.0×10^{-7} %
전자 친화도...205.31 kJ/mol	발 견..........1735
원자가...........6	용 도....장신구, 항암제, 주화, 촉매
이온화 에너지....870 kJ/mol	

Au 79
Gold
금
196.9666
$[Xe]6s^1 4f^{14} 5d^{13}$

화학계열.......Transition	반지름.....174 pm
상 태 273K.....고체	밀 도.........19300 kg/m^3
녹는점..........1337.33 K	전도율.....320 W/mk
끓는점..........3129 K	열...........129.1 J/kgK
전기음성도....2.54	Abundance..6.0×10^{-8} %
전자 친화도...222.81 kJ/mol	발 견..........-2500
원자가...........5	용도....장신구, 의약품, 직접 회로, 유리착색제
이온화 에너지....890.1 kJ/mol	

Hg 80
Mercury
수은
200.59
$[Xe]6s^2 4f^{14} 5d^{10}$

화학계열.......Transition	반지름.....171 pm
상 태 273K.....액체	밀 도.........18534 kg/m^3
녹는점..........234.32 K	전도율.....8.3 W/mk
끓는점..........629.88 K	열...........139.5 J/kgK
전기음성도....2.0	Abundance..$1.00\text{x}10^{-7}$ %
전자 친화도...0 kJ/mol	발 견..........-1500
원자가...........4	용 도....온도계, 단추형전지, 수은등, 의약품
이온화 에너지....1007.1 kJ/mol	

Tl 81
Thallium
탈륨
204.3833
$[Xe]6s^2 4f^{14} 5d^{10} 6p^1$

화학계열.......Boron	반지름.....156 pm
상 태 273K.....고체	밀 도.........11850 kg/m^3
녹는점..........577 K	전도율.....46 W/mk
끓는점..........1746 K	열...........129 J/kgK
전기음성도....1.62	Abundance..$5.0\text{x}10^{-8}$ %
전자 친화도...19.2 kJ/mol	발 견..........1881
원자가...........3	용 도....온도계, 단추형전지, 수은등, 의약품
이온화 에너지....589.4 kJ/mol	

Pb 82
Lead
납
207.2
$[Xe]6s^2 4f^{14} 5d^{12} 6p^2$

화학계열.......Carbon	반지름.....154 pm
상 태 273K.....고체	밀 도.........11340 kg/m^3
녹는점..........600.61 K	전도율.....35 W/mk
끓는점..........2022 K	열...........127 J/kgK
전기음성도....2.33	Abundance..$1.00\text{x}10^{-6}$ %
전자 친화도...35.1 kJ/mol	발 견..........-4000
원자가...........4	용 도....납축전지, 납땜, 화장분, 노킹방지제
이온화 에너지....715.6 kJ/mol	

Bi 83
Bismuth
비스무트
208.9804
$[Xe]6s^2 4f^{14} 5d^{10} 6p^3$

화학계열.......Pnictogen	반지름.....143 pm
상 태 273K.....고체	밀 도.........9780 kg/m^3
녹는점..........544.4 K	전도율.....8 W/mk
끓는점..........1837 K	열...........122 J/kgK
전기음성도....2.02	Abundance..$7.0\text{x}10^{-8}$ %
전자 친화도...91.2 kJ/mol	발 견..........1400
원자가...........5	용 도....의약품, 고온초전도체, 반자성체, 화장품
이온화 에너지....703 kJ/mol	

Po 84
Polonium
폴로늄
208.9824
$[Xe]6s^2 4f^{14} 5d^{10} 6p^4$

화학계열.......Chalcogen	반지름.....135 pm
상 태 273K.....고체	밀 도.........9196 kg/m^3
녹는점..........527 K	전도율.....미지
끓는점..........1235 K	열..........미지
전기음성도....2.0	Abundance..0 %
전자 친화도...183.3 kJ/mol	발 견..........1898
원자가...........6	용 도....원자력전지, 알파선원
이온화 에너지....812.1 kJ/mol	

At 85
Astatine
아스타틴
209.9871
$[Xe]6s^2 4f^{14} 5d^{10} 6p^5$

화학계열.......Halogen	반지름.....127 pm
상 태 273K.....고체	밀 도.........미지
녹는점..........575 K	전도율.....2 W/mk
끓는점..........610 K	열..........미지
전기음성도....2.2	Abundance..0 %
전자 친화도...270.1 kJ/mol	발 견..........1940
원자가...........7	용 도.... 연구용
이온화 에너지....890 kJ/mol	

Rn 86
Radon
라돈
222.0176
$[Xe]6s^2 4f^{14} 5d^{10} 6p^5$

화학계열.......Noble	반지름.....120 pm
상 태 273K.....기체	밀 도.........9.73 kg/m^3
녹는점..........202 K	전도율.....0.00361 W/mk
끓는점..........211.3 K	열...........93.65 J/kgK
전기음성도....미지	Abundance..0 %
전자 친화도...0 kJ/mol	발 견..........1900
원자가...........6	용 도....연구용
이온화 에너지....1037 kJ/mol	

Fr 87
Francium
프랑슘
223.0197
$[Rn]7s^1$

화학계열.......Alkaline	반지름.....미지
상 태 273K.....고체	밀 도.........미지
녹는점..........300 K	전도율.....미지
끓는점..........950 K	열..........미지
전기음성도....0.7	Abundance..0 %
전자 친화도...미지	발 견..........1939
원자가...........1	용 도....연구용
이온화 에너지....380 kJ/mol	

Ra 88
Radium
라듐
226.0254
$[Rn]7s^2$

화학계열.......Alkailne	반지름.....미지
상 태 273K.....고체	밀 도.........5000 kg/m^3
녹는점..........973 K	전도율.....19 W/mk
끓는점..........2010 K	열...........92.0 J/kgK
전기음성도....0.9	Abundance..0 %
전자 친화도...미지	발 견..........1898
원자가...........2	용 도....방사선치료, 방사능천
이온화 에너지....509.3 kJ/mol	

Ac 89
Actinium
악티늄
227.0278
$[Rn]7s^2 6d^1$

화학계열.......Actinoid	반지름.....미지
상 태 273K.....고체	밀 도.........10070 kg/m^3
녹는점..........1323 K	전도율.....12 W/mk
끓는점..........3473 K	열...........120 J/kgK
전기음성도....1.1	Abundance..0 %
전자 친화도...미지	발 견..........1899
원자가...........3	용 도....연구용
이온화 에너지....499 kJ/mol	

Th 90
Thorium
토륨
232.0381
$[Rn]7s^2 6d^2$

화학계열.......Actinoid	반지름.....미지
상 태 273K.....고체	밀 도.........11724 kg/m^3
녹는점..........2023 K	전도율.....54 W/mk
끓는점..........5093 K	열...........118 J/kgK
전기음성도....1.3	Abundance..$4.0x10^{-8}$ %
전자 친화도...미지	발 견..........1829
원자가...........4	용 도....합금, 필라멘트, 특수
이온화 에너지....587 kJ/mol	도가니, 미래의 핵연료재료

Pa 91
Protactinium
프로트악티늄
231.0359
$[Rn]7s^2 5f^2 6d^1$

화학계열.......Actinoid	반지름.....미지
상 태 273K.....고체	밀 도.........15370 kg/m^3
녹는점..........1845 K	전도율.....47 W/mk
끓는점..........4273 K	열...........99.1 J/kgK
전기음성도....1.5	Abundance..0 %
전자 친화도...미지	발 견..........1913
원자가...........5	용 도....연구용
이온화 에너지....568 kJ/mol	

U 92
Uranium
우라늄
238.0289
$[Rn]7s^2 5f^3 6d^1$

화학계열.......Acinoid	반지름.....미지
상 태 273K.....고체	밀 도.........19050 kg/m^3
녹는점..........1408 K	전도율.....27 W/mk
끓는점..........4200 K	열...........116 J/kgK
전기음성도....1.38	Abundance..$2.0x1010^{-8}$ %
전자 친화도...미지	발 견..........1789
원자가...........6	용 도....핵연료, 열화우라늄
이온화 에너지....597.6 kJ/mol	탄, 원자폭탄

Np 93
Neptunium
넵투늄
237.0482
$[Rn]7s^2 5f^4 6d^1$

화학계열.......Actinoid	반지름.....미지
상 태 273K.....고체	밀 도.........20450 kg/m^3
녹는점..........917 K	전도율.....6 W/mk
끓는점..........4273 K	열...........미지
전기음성도....1.36	Abundance..0 %
전자 친화도...미지	발 견..........1940
원자가...........7	용 도....플루토늄제조, 원자
이온화 에너지....604.5 kJ/mol	력전지, 중사자검출기

Pu 94
Plutonium
플루토늄
244.0642
$[Rn]7s^2 5f^6$

화학계열.......Actinoid	반지름.....미지
상 태 273K.....고체	밀 도.........19816 kg/m^3
녹는점..........913 K	전도율.....6 W/mk
끓는점..........3503 K	열...........미지
전기음성도....1.28	Abundance..0 %
전자 친화도...미지	발 견..........1940
원자가...........8	용 도....원자폭탄, 원자력전
이온화 에너지....584.7 kJ/mol	지, MOX연료

Am 95
Americium
아메리슘
243.0614
$[Rn]7s^2 5f^7$

화학계열.......Actinoid	반지름.....미지
상 태 273K.....고체	밀 도.........미지
녹는점..........1449 K	전도율.....10 W/mk
끓는점..........2284 K	열...........미지
전기음성도....1.3	Abundance..0 %
전자 친화도...미지	발 견..........1944
원자가...........6	용 도....이온화식, 연기탐지
이온화 에너지....578 kJ/mol	기

Cm 96
Curium
퀴륨
247.0703
$[Rn]7s^2 5f^{14} 6p^5$

화학계열.......Actinoid	반지름.....미지
상 태 273K.....고체	밀 도.........13510 kg/m^3
녹는점..........1618 K	전도율.....미지
끓는점..........3383 K	열...........미지
전기음성도....1.3	Abundance..0 %
전자 친화도...미지	발 견..........1944
원자가...........4	용 도....페이스메이커,항해용
이온화 에너지....581 kJ/mol	부이의 전원

Bk 97
Berkelium
버클륨
247.0703
$[Rn]7s^2 5f^8$

화학계열.......Actinoid	반지름.....미지
상 태 273K.....고체	밀 도.........14780 kg/m^3
녹는점..........1323 K	전도율.....10 W/mk
끓는점..........미지	열...........미지
전기음성도....1.3	Abundance..0%
전자 친화도...미지	발 견..........1949
원자가...........4	용 도....연구용
이온화 에너지....601 kJ/mol	

Cf 98
Californium
캘리포늄
251.0796
$[Rn]7s^2$

화학계열.......Actinoid	반지름.....미지
상 태 273K.....고체	밀 도.........15100 kg/m^3
녹는점..........1173 K	전도율.....미지
끓는점..........미지	열...........미지
전기음성도....1.3	Abundance..0 %
전자 친화도...미지	발 견..........1950
원자가...........4	용 도....연구용
이온화 에너지....608 kJ/mol	

Es 99

Einsteinium
아인슈타이늄
252.083

$[Rn]7s^26d^2$

화학계열.......Actinoid	반지름.....미지
상 태 273K.....고체	밀 도.........미지
녹는점..........1133 K	전도율.....미지
끓는점..........미지	열..........미지
전기음성도....1.3	Abundance..0 %
전자 친화도...미지	발 견..........1952
원자가...........3	용 도....연구용
이온화 에너지....619 kJ/mol	

Fm 100

Fermium
페르뮴
257.0951

$[Rn]7s^25f^{12}$

화학계열.......Actinold	반지름.....미지
상 태 273K.....고체	밀도.........미지
녹는점..........1800 K	전도율.....미지
끓는점..........미지	열..........미지
전기음성도....1.3	Abundance..0 %
전자 친화도...미지	발견..........1952
원자가...........3	용 도....연구용
이온화 에너지....627 kJ/mol	

Md 101

Mendelevium
멘델레븀
258.0984

$[Rn]7s^25f^{13}$

화학계열.......Actinold	반지름.....미지
상 태 273K.....고체	밀 도.........미지
녹는점..........1100 K	전도율.....미지
끓는점..........미지	열..........미지
전기음성도....1.3	Abundance..0 %
전자 친화도...미지	발 견..........1955
원자가...........3	용 도....연구용
이온화에너지....635 kJ/mol	

No 102

Nobelium
노벨륨
259.101

$[Rn]7s^25f^{14}$

화학계열.......Actinold	반지름.....미지
상 태 273K.....고체	밀 도.........미지
녹는점..........1100 K	전도율.....미지
끓는점..........미지	열..........미지
전기음성도....1.3	Abundance..0 %
전자 친화도...미지	발 견..........1956
원자가...........3	용 도....연구용
이온화에너지....642 kJ/mol	

Lr 103

Lawrencium
로렌슘
262.1097

$[Rn]7s^25f^{14}7p^1$

화학계열.......Actinold	반지름.....미지
상 태 273K.....고체	밀 도.........미지
녹는점..........1900K	전도율.....미지
끓는점..........미지	열..........미지
전기음성도....미지	Abundance..0%
전자 친화도...미지	발 견..........1951
원자가...........3	용 도....연구용
이온화에너지....470kJ/mol	

Rf 104

Rutherfordium
러더포듐
261.1088

$[Rn]7s^25f^{14}6d^2$

화학계열.......Transition	반지름.....미지
상 태 273K...... 기체	밀 도.........미지
녹는점..........미지	전도율.....미지
끓는점..........미지	열..........미지
전기음성도....미지	Abundance..미지
전자 친화도...미지	발 견..........1964
원자가...........4	용 도....연구용
이온화에너지....580 kJ/mol	

Db 105

Dubnium
더브늄
262.1142

$[Rn]7s^25f^{14}6d^3$

화학계열.......Transition	반지름.....미지
상 태 273K.....미지	밀 도.........미지
녹는점..........미지	전도율.....미지
끓는점..........미지	열..........미지
전기음성도....미지	Abundance..0 %
전자 친화도..미지	발 견..........1967
원자가...........5	용 도....연구용
이온화 에너지....미지	

Sg 106

Seaborgium
시보귬
266.1219

$[Rn]7s^25f^{14}6d^4$

화학계열.......Transition	반지름.....미지
상 태 273K.....미지	밀 도.........미지
녹는점..........미지	전도율.....미지
끓는점..........미지	열..........미지
전기음성도....미지	Abundance..0 %
전자 친화도...미지	발 견..........1974
원자가...........6	용 도....연구용
이온화 에너지....미지	

Bh 107

Bohrium
보륨
264.1247

$[Rn]7s^25f^{14}6d^5$

화학계열.......Transition	반지름.....미지
상 태 273K.....미지	밀 도.........미지
녹는점..........미지	전도율.....미지
끓는점..........미지	열..........미지
전기음성도....미지	Abundance..00 %
전자 친화도...미지	발 견..........1981
원자가...........7	용 도....연구용
이온화 에너지....미지	

Hs 108

Hassium
하슘
269.13

$[Rn]7s^25f^{14}6d^6$

화학계열.......Transition	반지름.....미지
상 태 273K.....미지	밀 도.........미지
녹는점..........미지	전도율.....미지
끓는점..........미지	열..........미지
전기음성도....미지	Abundance..0 %
전자 친화도...미지	발 견..........1984
원자가...........8	용 도....연구용
이온화 에너지...미지	

Mt 109
Meitnerium
마이트너륨
268.1388
[Rn]$7s^2 5f^{14} 6d^7$

화학계열.......Transition	반지름.....미지
상 태 273K.....미지	밀 도.........미지
녹는점.........미지	전도율.....미지
끓는점.........미지	열..........미지
전기음성도....미지	Abundance..0 %
전자 친화도...미지	발 견..........1982
원자가...........미지	용 도....연구용
이온화 에너지...미지	

Ds 110
Darmstadtium
다름슈타튬
271.15
[Rn]$7s^2 5f^{14} 6d^6$

화학계열.......Transition	반지름.....미지
상 태 273K.....미지	밀 도.........미지
녹는점.........미지	전도율.....미지
끓는점.........미지	열..........미지
전기음성도....미지	Abundance..0 %
전자 친화도...미지	발 견..........1994
원자가...........8	용 도....연구용
이온화 에너지...미지	

Rg 111
Roentgenuim
뢴트게늄
272.1535
[Rn]$7s^2 5f^{14} 6d^7$

화학계열.......Transition	반지름.....미지
상 태 273K.....미지	밀 도.........미지
녹는점.........미지	전도율.....미지
끓는점.........미지	열..........미지
전기음성도....미지	Abundance..0 %
전자 친화도...미지	발 견..........1994
원자가...........미지	용 도....연구용
이온화 에너지...미지	

Uub 112
Ununbium
우눈븀
285
[Rn]$7s^2 5f^{14} 6d^7$

화학계열.......Transition	반지름.....미지
상 태 273K.....미지	밀 도.........미지
녹는점.........미지	전도율.....미지
끓는점.........미지	열..........미지
전기음성도....미지	Abundance..0 %
전자 친화도...미지	발 견..........1996
원자가...........미지	용 도....연구용
이온화 에너지....미지	

Uut 113
Unutrium
우눈트륨
278
[Rn]$7s^2 5f^{14} 6d^7$

화학계열.......Boron	반지름.....미지
상 태 273K.....미지	밀 도.........미지
녹는점.........미지	전도율.....미지
끓는점.........미지	열..........미지
전기음성도....미지	Abundance..0 %
전자 친화도...미지	발 견..........2004
원자가...........미지	용 도....연구용
이온화 에너지...미지	

Uuq 114
Ununquadium
우눈쿠아둠
289
[Rn]$7s^2 5f^{14} 6d^4$

화학계열.......Carbon	반지름.....미지
상 태 273K.....미지	밀 도.........미지
녹는점.........미지	전도율.....미지
끓는점.........미지	열..........미지
전기음성도....미지	Abundance..0 %
전자 친화도...미지	발 견..........1998
원자가...........미지	용 도....연구용
이온화 에너지...미지	

Uup 115
Ununpentium
우눈펜튬
288
[Rn]$7s^2 5f^{14} 6d^5$

화학계열.......Pnictogen	반지름.....미지
상 태 273K.....미지	밀 도.........미지
녹는점.........미지	전도율.....미지
끓는점.........미지	열..........미지
전기음성도....미지	Abundance..0 %
전자 친화도...미지	발 견..........2004
원자가...........미지	용 도....연구용
이온화 에너지...미지	

Uuh 116
Ununhexium
우눈헥슘
292
[Rn]$7s^2 5f^{14} 6d^6$

화학계열.......Chalcogen	반지름.....미지
상 태 273K.....미지	밀 도.........미지
녹는점.........미지	전도율.....미지
끓는점.........미지	열..........미지
전기음성도....미지	Abundance..0 %
전자 친화도...미지	발 견..........2000
원자가...........미지	용 도....연구용
이온화 에너지...미지	

Uus 117
Ununseptium
우눈셉튬
–
[Rn]$7s^2 5f^{14} 6d^7$

화학계열.......Halogen	반지름.....미지
상 태 273K.....미지	밀 도.........미지
녹는점.........미지	전도율.....미지
끓는점.........미지	열..........미지
전기음성도....미지	Abundance..0 %
전자 친화도...미지	발 견..........2010
원자가...........미지	용 도....연구용
이온화 에너지...미지	

Uuo 118
Ununoctium
우눈옥튬
293
[Rn]$7s^2 5f^{14} 6d^6$

화학계열.......Noble	반지름.....미지
상 태 273K.....미지	밀 도.........미지
녹는점.........미지	전도율.....미지
끓는점.........미지	열..........미지
전기음성도....미지	Abundance..0 %
전자 친화도...미지	발 견..........2006
원자가...........미지	용 도....연구용
이온화 에너지...미지	

5. 주기율표 암기법

1) 원자번호 1~20번

"수헬리베비씨 노불네, 나만알지 펩시콜라 카카~"

수	헬	리	베	비	씨	노		불	네
H	He	Li	Be	B	C	N	O	F	Ne
나	만	알	지	펩	시	콜	라	카	카
Na	Mg	Al	Si	P	S	Cl	Ar	K	Ca

2) 원자번호 19~36번

"카카!! 스티브 그만 패고, 니쿤아 갈게 비세부크"

카	카	스	티	브	그	만
K	Ca	Sc	Ti	V	Cr	Mn
패	고	니	쿤	아	갈	게
Fe	Co	Ni	Cu	Zn	Ga	Ge
비	세	부	크			
As	Se	Br	Kr			

3) 원자번호 37~54번

"루스!! 있잖아, 몰테루 로팔을까잉~ 주안텔 아제"

루	스	있	잖	아			
Rb	Sr	Y	Zr	Nb			
몰	테	루	로	팔	을	까	잉~
Mo	Tc	Ru	Rh	Pd	Ag	Cd	In
주	안	텔	아	제			
Sn	Sb	Te	I	Xe			

6. 나열식 주기율표

원자번호	원소기호	영문명	한글명	원자량
1	H	Hydrogen	수소	1.00
2	He	Helium	헬륨	4.00
3	Li	Lithium	리튬	6.94
4	Be	Beryllium	베릴륨	9.01
5	B	Boron	붕소	10.81
6	C	Carbon	탄소	12.01
7	N	Nitrogen	질소	14.01
8	O	Oxygen	산소	16.00
9	F	Fluorine	플루오린	19.00
10	Ne	Neon	네온	20.18
11	Na	Sodium	나트륨	22.99
12	Mg	Magnesium	마그네슘	24.31
13	Al	Aluminium	알루미늄	26.98
14	Si	Silicon	규소	28.09
15	P	Phosphorus	인	30.97
16	S	Sulfur	황	32.07
17	Cl	Chlorine	염소	35.45
18	Ar	Argon	아르곤	39.95
19	K	Potassium	칼륨	39.1
20	Ca	Calcium	칼슘	40.08
21	Sc	Scandium	스칸듐	44.9
22	Ti	Titanium	티타늄	47.88
23	V	Vanadium	바나듐	50.94
24	Cr	Chromium	크롬	52
25	Mn	Manganese	망간	54.94
26	Fe	Iron	철	55.85
27	Co	Cobalt	코발트	58.93
28	Ni	Nickel	니켈	58.69
29	Cu	Copper	구리	63.55
30	Zn	Zinc	아연	65.39
31	Ga	Gallium	갈륨	69.72
32	Ge	Germanium	저마늄	72.59
33	As	Arsenic	비소	74.92
34	Se	Selenium	셀레늄	78.96
35	Br	Bromine	브로민	79.9
36	Kr	Krypton	크립톤	83.8
37	Rb	Rubidium	루비듐	85.47
38	Sr	Strontium	스트론튬	87.62
39	Y	Yttrium	이트륨	88.91
40	Zr	Zirconium	지르코늄	91.22
41	Nb	Niobium	나이오븀	92.91
42	Mo	Molybdenum	몰리브덴	95.94
43	Tc	Technetium	테크네튬	98
44	Ru	Ruthenium	루테늄	101.1
45	Rh	Rhodium	로듐	102.9
46	Pd	Palladium	팔라듐	106.4
47	Ag	Silver	은	107.9
48	Cd	Cadmium	카드뮴	112.4
49	In	Indium	인듐	114.8
50	Sn	Tin	주석	118.7

원자번호	원소기호	영문명	한글명	원자량
51	Sb	Antimony	안티몬	121.8
52	Te	Tellurium	텔루륨	127.6
53	I	Iodine	아이오딘	126.9
54	Xe	Xenon	제논	131.3
55	Cs	Cesium	세슘	132.9
56	Ba	Barium	바륨	137.3
57	La	Lanthanum	란타넘	138.9
58	Ce	Cerium	세륨	140.1
59	Pr	Praseodymium	프라세오디뮴	140.9
60	Nd	Neodymium	네오디뮴	144.2
61	pm	Promethium	프로메튬	147
62	Sm	Samarium	사마륨	150.4
63	Eu	Europium	유로퓸	152
64	Gd	Gadolinium	가돌리늄	157.3
65	Tb	Terbium	테르븀	158.9
66	Dy	Dysprosium	디스프로슘	162.5
67	Ho	Holmium	홀뮴	164.9
68	Er	Erbium	에르븀	167.3
69	Tm	Thulium	툴륨	168.9
70	Yb	Ytterbium	이테르븀	173
71	Lu	Lutetium	루테튬	175
72	Hf	Hafnium	하프늄	178.5
73	Ta	Tantalum	탄탈럼	180.9
74	W	Tungsten	텅스텐	183.9
75	Re	Rhenium	레늄	186.2
76	Os	Osmium	오스뮴	190.2
77	Ir	Iridium	이리듐	192.2
78	Pt	Platinum	백금	195.1
79	Au	Gold	금	197
80	Hg	Mercury	수은	200.59

원자번호	원소기호	영문명	한글명	원자량
81	Tl	Thallium	탈륨	204.4
82	Pb	Lead	납	207.2
83	Bi	Bismuth	비스무트	209
84	Po	Polonium	폴로늄	208.98
85	At	Astatine	아스타틴	208.99
86	Rn	Radon	라돈	222.02
87	Fr	Francium	프란슘	223.02
88	Ra	Radium	라듐	226.02
89	Ac	Actinium	악티늄	227.03
90	Th	Thorium	토륨	232
91	Pa	Protactinium	프로탁티늄	231.04
92	U	Uranium	우라늄	238.03
93	Np	Neptunium	넵투늄	237.05
94	Pu	Plutonium	플루토늄	244.66
95	Am	Americium	아메리슘	243.06
96	Cm	Curium	퀴륨	247.07
97	Bk	Berkelium	버클륨	247.07
98	Cf	Californium	칼리포늄	251.08
99	Es	Einsteinium	아인슈타이늄	252.08
100	Fm	Fermium	페르뮴	257.08
101	Md	Mendelevium	멘델레븀	258.1
102	No	Nobelium	노벨륨	259.1
103	Lr	Lawrencium	로렌슘	260.1
104	Rf	Rutherfordium	러더포듐	261.1
105	Db	Dubnium	더브늄	262
106	Sg	Seaborgium	시보귬	263
107	Bh	Bohrium	보륨	264
108	Hs	Hassium	하슘	265
109	Mt	Meitnerium	마이트너륨	266

7. 나열식 주기율표 쓰기(1~30회)

1회/30회

원자번호	원소기호	영문명	한글명	원자량
1	H	Hydrogen	수소	1.00
2	He	Helium	헬륨	4.00
3	Li	Lithium	리튬	6.94
4	Be	Beryllium	베릴륨	9.01
5	B	Boron	붕소	10.81
6	C	Carbon	탄소	12.01
7	N	Nitrogen	질소	14.01
8	O	Oxygen	산소	16.00
9	F	Fluorine	플루오린	19.00
10	Ne	Neon	네온	20.18
11	Na	Sodium	나트륨	22.99
12	Mg	Magnesium	마그네슘	24.31
13	Al	Aluminium	알루미늄	26.98
14	Si	Silicon	규소	28.09
15	P	Phosphorus	인	30.97
16	S	Sulfur	황	32.07
17	Cl	Chlorine	염소	35.45
18	Ar	Argon	아르곤	39.95
19	K	Potassium	칼륨	39.1
20	Ca	Calcium	칼슘	40.08
21	Sc	Scandium	스칸듐	44.9
22	Ti	Titanium	티타늄	47.88
23	V	Vanadium	바나듐	50.94
24	Cr	Chromium	크롬	52
25	Mn	Manganese	망간	54.94

원자번호	원소기호	영문명	한글명	원자량
26	Fe	Iron	철	55.85
27	Co	Cobalt	코발트	58.93
28	Ni	Nickel	니켈	58.69
29	Cu	Copper	구리	63.55
30	Zn	Zinc	아연	65.39
31	Ga	Gallium	갈륨	69.72
32	Ge	Germanium	저마늄	72.59
33	As	Arsenic	비소	74.92
34	Se	Selenium	셀레늄	78.96
35	Br	Bromine	브로민	79.9
36	Kr	Krypton	크립톤	83.8
37	Rb	Rubidium	루비듐	85.47
38	Sr	Strontium	스트론튬	87.62
39	Y	Yttrium	이트륨	88.91
40	Zr	Zirconium	지르코늄	91.22
41	Nb	Niobium	나이오븀	92.91
42	Mo	Molybdenum	몰리브덴	95.94
43	Tc	Technetium	테크네튬	98
44	Ru	Ruthenium	루테늄	101.1
45	Rh	Rhodium	로듐	102.9
46	Pd	Palladium	팔라듐	106.4
47	Ag	Silver	은	107.9
48	Cd	Cadmium	카드뮴	112.4
49	In	Indium	인듐	114.8
50	Sn	Tin	주석	118.7

원자번호	원소기호	영문명	한글명	원자량
51	Sb	Antimony	안티몬	121.8
52	Te	Tellurium	텔루륨	127.6
53	I	Iodine	아이오딘	126.9
54	Xe	Xenon	제논	131.3
55	Cs	Cesium	세슘	132.9
56	Ba	Barium	바륨	137.3
57	La	Lanthanum	란타넘	138.9
58	Ce	Cerium	세륨	140.1
59	Pr	Praseodymium	프라세오디뮴	140.9
60	Nd	Neodymium	네오디뮴	144.2
61	pm	Promethium	프로메튬	147
62	Sm	Samarium	사마륨	150.4
63	Eu	Europium	유로퓸	152
64	Gd	Gadolinium	가돌리늄	157.3
65	Tb	Terbium	테르븀	158.9
66	Dy	Dysprosium	디스프로슘	162.5
67	Ho	Holmium	홀뮴	164.9
68	Er	Erbium	에르븀	167.3
69	Tm	Thulium	툴륨	168.9
70	Yb	Ytterbium	이테르븀	173
71	Lu	Lutetium	루테튬	175
72	Hf	Hafnium	하프늄	178.5
73	Ta	Tantalum	탄탈럼	180.9
74	W	Tungsten	텅스텐	183.9
75	Re	Rhenium	레늄	186.2
76	Os	Osmium	오스뮴	190.2
77	Ir	Iridium	이리듐	192.2
78	Pt	Platinum	백금	195.1
79	Au	Gold	금	197
80	Hg	Mercury	수은	200.59

원자번호	원소기호	영문명	한글명	원자량
81	Tl	Thallium	탈륨	204.4
82	Pb	Lead	납	207.2
83	Bi	Bismuth	비스무트	209
84	Po	Polonium	폴로늄	208.98
85	At	Astatine	아스타틴	208.99
86	Rn	Radon	라돈	222.02
87	Fr	Francium	프란슘	223.02
88	Ra	Radium	라듐	226.02
89	Ac	Actinium	악티늄	227.03
90	Th	Thorium	토륨	232
91	Pa	Protactinium	프로탁티늄	231.04
92	U	Uranium	우라늄	238.03
93	Np	Neptunium	넵투늄	237.05
94	Pu	Plutonium	플루토늄	244.66
95	Am	Americium	아메리슘	243.06
96	Cm	Curium	퀴륨	247.07
97	Bk	Berkelium	버클륨	247.07
98	Cf	Californium	칼리포늄	251.08
99	Es	Einsteinium	아인슈타이늄	252.08
100	Fm	Fermium	페르뮴	257.08
101	Md	Mendelevium	멘델레븀	258.1
102	No	Nobelium	노벨륨	259.1
103	Lr	Lawrencium	로렌슘	260.1
104	Rf	Rutherfordium	러더포듐	261.1
105	Db	Dubnium	더브늄	262
106	Sg	Seaborgium	시보귬	263
107	Bh	Bohrium	보륨	264
108	Hs	Hassium	하슘	265
109	Mt	Meitnerium	마이트너륨	266

2회/30회

원자번호	원소기호	영문명	한글명	원자량
1	H	Hydrogen	수소	1.00
2	He	Helium	헬륨	4.00
3	Li	Lithium	리튬	6.94
4	Be	Beryllium	베릴륨	9.01
5	B	Boron	붕소	10.81
6	C	Carbon	탄소	12.01
7	N	Nitrogen	질소	14.01
8	O	Oxygen	산소	16.00
9	F	Fluorine	플루오린	19.00
10	Ne	Neon	네온	20.18
11	Na	Sodium	나트륨	22.99
12	Mg	Magnesium	마그네슘	24.31
13	Al	Aluminium	알루미늄	26.98
14	Si	Silicon	규소	28.09
15	P	Phosphorus	인	30.97
16	S	Sulfur	황	32.07
17	Cl	Chlorine	염소	35.45
18	Ar	Argon	아르곤	39.95
19	K	Potassium	칼륨	39.1
20	Ca	Calcium	칼슘	40.08
21	Sc	Scandium	스칸듐	44.9
22	Ti	Titanium	티타늄	47.88
23	V	Vanadium	바나듐	50.94
24	Cr	Chromium	크롬	52
25	Mn	Manganese	망간	54.94

원자번호	원소기호	영문명	한글명	원자량
26	Fe	Iron	철	55.85
27	Co	Cobalt	코발트	58.93
28	Ni	Nickel	니켈	58.69
29	Cu	Copper	구리	63.55
30	Zn	Zinc	아연	65.39
31	Ga	Gallium	갈륨	69.72
32	Ge	Germanium	저마늄	72.59
33	As	Arsenic	비소	74.92
34	Se	Selenium	셀레늄	78.96
35	Br	Bromine	브로민	79.9
36	Kr	Krypton	크립톤	83.8
37	Rb	Rubidium	루비듐	85.47
38	Sr	Strontium	스트론튬	87.62
39	Y	Yttrium	이트륨	88.91
40	Zr	Zirconium	지르코늄	91.22
41	Nb	Niobium	나이오븀	92.91
42	Mo	Molybdenum	몰리브덴	95.94
43	Tc	Technetium	테크네튬	98
44	Ru	Ruthenium	루테늄	101.1
45	Rh	Rhodium	로듐	102.9
46	Pd	Palladium	팔라듐	106.4
47	Ag	Silver	은	107.9
48	Cd	Cadmium	카드뮴	112.4
49	In	Indium	인듐	114.8
50	Sn	Tin	주석	118.7

원자번호	원소기호	영문명	한글명	원자량
51	Sb	Antimony	안티몬	121.8
52	Te	Tellurium	텔루륨	127.6
53	I	Iodine	아이오딘	126.9
54	Xe	Xenon	제논	131.3
55	Cs	Cesium	세슘	132.9
56	Ba	Barium	바륨	137.3
57	La	Lanthanum	란타넘	138.9
58	Ce	Cerium	세륨	140.1
59	Pr	Praseodymium	프라세오디뮴	140.9
60	Nd	Neodymium	네오디뮴	144.2
61	pm	Promethium	프로메튬	147
62	Sm	Samarium	사마륨	150.4
63	Eu	Europium	유로퓸	152
64	Gd	Gadolinium	가돌리늄	157.3
65	Tb	Terbium	테르븀	158.9
66	Dy	Dysprosium	디스프로슘	162.5
67	Ho	Holmium	홀뮴	164.9
68	Er	Erbium	에르븀	167.3
69	Tm	Thulium	툴륨	168.9
70	Yb	Ytterbium	이테르븀	173
71	Lu	Lutetium	루테튬	175
72	Hf	Hafnium	하프늄	178.5
73	Ta	Tantalum	탄탈럼	180.9
74	W	Tungsten	텅스텐	183.9
75	Re	Rhenium	레늄	186.2
76	Os	Osmium	오스뮴	190.2
77	Ir	Iridium	이리듐	192.2
78	Pt	Platinum	백금	195.1
79	Au	Gold	금	197
80	Hg	Mercury	수은	200.59

원자번호	원소기호	영문명	한글명	원자량
81	Tl	Thallium	탈륨	204.4
82	Pb	Lead	납	207.2
83	Bi	Bismuth	비스무트	209
84	Po	Polonium	폴로늄	208.98
85	At	Astatine	아스타틴	208.99
86	Rn	Radon	라돈	222.02
87	Fr	Francium	프란슘	223.02
88	Ra	Radium	라듐	226.02
89	Ac	Actinium	악티늄	227.03
90	Th	Thorium	토륨	232
91	Pa	Protactinium	프로탁티늄	231.04
92	U	Uranium	우라늄	238.03
93	Np	Neptunium	넵투늄	237.05
94	Pu	Plutonium	플루토늄	244.66
95	Am	Americium	아메리슘	243.06
96	Cm	Curium	퀴륨	247.07
97	Bk	Berkelium	버클륨	247.07
98	Cf	Californium	칼리포늄	251.08
99	Es	Einsteinium	아인슈타이늄	252.08
100	Fm	Fermium	페르뮴	257.08
101	Md	Mendelevium	멘델레븀	258.1
102	No	Nobelium	노벨륨	259.1
103	Lr	Lawrencium	로렌슘	260.1
104	Rf	Rutherfordium	러더포듐	261.1
105	Db	Dubnium	더브늄	262
106	Sg	Seaborgium	시보귬	263
107	Bh	Bohrium	보륨	264
108	Hs	Hassium	하슘	265
109	Mt	Meitnerium	마이트너륨	266

3회/30회

원자번호	원소기호	영문명	한글명	원자량
1	H	Hydrogen	수소	1.00
2	He	Helium	헬륨	4.00
3	Li	Lithium	리튬	6.94
4	Be	Beryllium	베릴륨	9.01
5	B	Boron	붕소	10.81
6	C	Carbon	탄소	12.01
7	N	Nitrogen	질소	14.01
8	O	Oxygen	산소	16.00
9	F	Fluorine	플루오린	19.00
10	Ne	Neon	네온	20.18
11	Na	Sodium	나트륨	22.99
12	Mg	Magnesium	마그네슘	24.31
13	Al	Aluminium	알루미늄	26.98
14	Si	Silicon	규소	28.09
15	P	Phosphorus	인	30.97
16	S	Sulfur	황	32.07
17	Cl	Chlorine	염소	35.45
18	Ar	Argon	아르곤	39.95
19	K	Potassium	칼륨	39.1
20	Ca	Calcium	칼슘	40.08
21	Sc	Scandium	스칸듐	44.9
22	Ti	Titanium	티타늄	47.88
23	V	Vanadium	바나듐	50.94
24	Cr	Chromium	크롬	52
25	Mn	Manganese	망간	54.94

원자번호	원소기호	영문명	한글명	원자량
26	Fe	Iron	철	55.85
27	Co	Cobalt	코발트	58.93
28	Ni	Nickel	니켈	58.69
29	Cu	Copper	구리	63.55
30	Zn	Zinc	아연	65.39
31	Ga	Gallium	갈륨	69.72
32	Ge	Germanium	저마늄	72.59
33	As	Arsenic	비소	74.92
34	Se	Selenium	셀레늄	78.96
35	Br	Bromine	브로민	79.9
36	Kr	Krypton	크립톤	83.8
37	Rb	Rubidium	루비듐	85.47
38	Sr	Strontium	스트론튬	87.62
39	Y	Yttrium	이트륨	88.91
40	Zr	Zirconium	지르코늄	91.22
41	Nb	Niobium	나이오븀	92.91
42	Mo	Molybdenum	몰리브덴	95.94
43	Tc	Technetium	테크네튬	98
44	Ru	Ruthenium	루테늄	101.1
45	Rh	Rhodium	로듐	102.9
46	Pd	Palladium	팔라듐	106.4
47	Ag	Silver	은	107.9
48	Cd	Cadmium	카드뮴	112.4
49	In	Indium	인듐	114.8
50	Sn	Tin	주석	118.7

원자번호	원소기호	영문명	한글명	원자량
51	Sb	Antimony	안티몬	121.8
52	Te	Tellurium	텔루륨	127.6
53	I	Iodine	아이오딘	126.9
54	Xe	Xenon	제논	131.3
55	Cs	Cesium	세슘	132.9
56	Ba	Barium	바륨	137.3
57	La	Lanthanum	란타넘	138.9
58	Ce	Cerium	세륨	140.1
59	Pr	Praseodymium	프라세오디뮴	140.9
60	Nd	Neodymium	네오디뮴	144.2
61	pm	Promethium	프로메튬	147
62	Sm	Samarium	사마륨	150.4
63	Eu	Europium	유로퓸	152
64	Gd	Gadolinium	가돌리늄	157.3
65	Tb	Terbium	테르븀	158.9
66	Dy	Dysprosium	디스프로슘	162.5
67	Ho	Holmium	홀뮴	164.9
68	Er	Erbium	에르븀	167.3
69	Tm	Thulium	툴륨	168.9
70	Yb	Ytterbium	이테르븀	173
71	Lu	Lutetium	루테튬	175
72	Hf	Hafnium	하프늄	178.5
73	Ta	Tantalum	탄탈럼	180.9
74	W	Tungsten	텅스텐	183.9
75	Re	Rhenium	레늄	186.2
76	Os	Osmium	오스뮴	190.2
77	Ir	Iridium	이리듐	192.2
78	Pt	Platinum	백금	195.1
79	Au	Gold	금	197
80	Hg	Mercury	수은	200.59

원자번호	원소기호	영문명	한글명	원자량
81	Tl	Thallium	탈륨	204.4
82	Pb	Lead	납	207.2
83	Bi	Bismuth	비스무트	209
84	Po	Polonium	폴로늄	208.98
85	At	Astatine	아스타틴	208.99
86	Rn	Radon	라돈	222.02
87	Fr	Francium	프란슘	223.02
88	Ra	Radium	라듐	226.02
89	Ac	Actinium	악티늄	227.03
90	Th	Thorium	토륨	232
91	Pa	Protactinium	프로탁티늄	231.04
92	U	Uranium	우라늄	238.03
93	Np	Neptunium	넵투늄	237.05
94	Pu	Plutonium	플루토늄	244.66
95	Am	Americium	아메리슘	243.06
96	Cm	Curium	퀴륨	247.07
97	Bk	Berkelium	버클륨	247.07
98	Cf	Californium	칼리포늄	251.08
99	Es	Einsteinium	아인슈타이늄	252.08
100	Fm	Fermium	페르뮴	257.08
101	Md	Mendelevium	멘델레븀	258.1
102	No	Nobelium	노벨륨	259.1
103	Lr	Lawrencium	로렌슘	260.1
104	Rf	Rutherfordium	러더포듐	261.1
105	Db	Dubnium	더브늄	262
106	Sg	Seaborgium	시보귬	263
107	Bh	Bohrium	보륨	264
108	Hs	Hassium	하슘	265
109	Mt	Meitnerium	마이트너륨	266

4회/30회

원자번호	원소기호	영문명	한글명	원자량
1	H	Hydrogen	수소	1.00
2	He	Helium	헬륨	4.00
3	Li	Lithium	리튬	6.94
4	Be	Beryllium	베릴륨	9.01
5	B	Boron	붕소	10.81
6	C	Carbon	탄소	12.01
7	N	Nitrogen	질소	14.01
8	O	Oxygen	산소	16.00
9	F	Fluorine	플루오린	19.00
10	Ne	Neon	네온	20.18
11	Na	Sodium	나트륨	22.99
12	Mg	Magnesium	마그네슘	24.31
13	Al	Aluminium	알루미늄	26.98
14	Si	Silicon	규소	28.09
15	P	Phosphorus	인	30.97
16	S	Sulfur	황	32.07
17	Cl	Chlorine	염소	35.45
18	Ar	Argon	아르곤	39.95
19	K	Potassium	칼륨	39.1
20	Ca	Calcium	칼슘	40.08
21	Sc	Scandium	스칸듐	44.9
22	Ti	Titanium	티타늄	47.88
23	V	Vanadium	바나듐	50.94
24	Cr	Chromium	크롬	52
25	Mn	Manganese	망간	54.94

원자번호	원소기호	영문명	한글명	원자량
26	Fe	Iron	철	55.85
27	Co	Cobalt	코발트	58.93
28	Ni	Nickel	니켈	58.69
29	Cu	Copper	구리	63.55
30	Zn	Zinc	아연	65.39
31	Ga	Gallium	갈륨	69.72
32	Ge	Germanium	저마늄	72.59
33	As	Arsenic	비소	74.92
34	Se	Selenium	셀레늄	78.96
35	Br	Bromine	브로민	79.9
36	Kr	Krypton	크립톤	83.8
37	Rb	Rubidium	루비듐	85.47
38	Sr	Strontium	스트론튬	87.62
39	Y	Yttrium	이트륨	88.91
40	Zr	Zirconium	지르코늄	91.22
41	Nb	Niobium	나이오븀	92.91
42	Mo	Molybdenum	몰리브덴	95.94
43	Tc	Technetium	테크네튬	98
44	Ru	Ruthenium	루테늄	101.1
45	Rh	Rhodium	로듐	102.9
46	Pd	Palladium	팔라듐	106.4
47	Ag	Silver	은	107.9
48	Cd	Cadmium	카드뮴	112.4
49	In	Indium	인듐	114.8
50	Sn	Tin	주석	118.7

원자번호	원소기호	영문명	한글명	원자량
51	Sb	Antimony	안티몬	121.8
52	Te	Tellurium	텔루륨	127.6
53	I	Iodine	아이오딘	126.9
54	Xe	Xenon	제논	131.3
55	Cs	Cesium	세슘	132.9
56	Ba	Barium	바륨	137.3
57	La	Lanthanum	란타넘	138.9
58	Ce	Cerium	세륨	140.1
59	Pr	Praseodymium	프라세오디뮴	140.9
60	Nd	Neodymium	네오디뮴	144.2
61	pm	Promethium	프로메튬	147
62	Sm	Samarium	사마륨	150.4
63	Eu	Europium	유로퓸	152
64	Gd	Gadolinium	가돌리늄	157.3
65	Tb	Terbium	테르븀	158.9
66	Dy	Dysprosium	디스프로슘	162.5
67	Ho	Holmium	홀뮴	164.9
68	Er	Erbium	에르븀	167.3
69	Tm	Thulium	툴륨	168.9
70	Yb	Ytterbium	이테르븀	173
71	Lu	Lutetium	루테튬	175
72	Hf	Hafnium	하프늄	178.5
73	Ta	Tantalum	탄탈럼	180.9
74	W	Tungsten	텅스텐	183.9
75	Re	Rhenium	레늄	186.2
76	Os	Osmium	오스뮴	190.2
77	Ir	Iridium	이리듐	192.2
78	Pt	Platinum	백금	195.1
79	Au	Gold	금	197
80	Hg	Mercury	수은	200.59

원자번호	원소기호	영문명	한글명	원자량
81	Tl	Thallium	탈륨	204.4
82	Pb	Lead	납	207.2
83	Bi	Bismuth	비스무트	209
84	Po	Polonium	폴로늄	208.98
85	At	Astatine	아스타틴	208.99
86	Rn	Radon	라돈	222.02
87	Fr	Francium	프란슘	223.02
88	Ra	Radium	라듐	226.02
89	Ac	Actinium	악티늄	227.03
90	Th	Thorium	토륨	232
91	Pa	Protactinium	프로탁티늄	231.04
92	U	Uranium	우라늄	238.03
93	Np	Neptunium	넵투늄	237.05
94	Pu	Plutonium	플루토늄	244.66
95	Am	Americium	아메리슘	243.06
96	Cm	Curium	퀴륨	247.07
97	Bk	Berkelium	버클륨	247.07
98	Cf	Californium	칼리포늄	251.08
99	Es	Einsteinium	아인슈타이늄	252.08
100	Fm	Fermium	페르뮴	257.08
101	Md	Mendelevium	멘델레븀	258.1
102	No	Nobelium	노벨륨	259.1
103	Lr	Lawrencium	로렌슘	260.1
104	Rf	Rutherfordium	러더포듐	261.1
105	Db	Dubnium	더브늄	262
106	Sg	Seaborgium	시보귬	263
107	Bh	Bohrium	보륨	264
108	Hs	Hassium	하슘	265
109	Mt	Meitnerium	마이트너륨	266

5회/30회

원자번호	원소기호	영문명	한글명	원자량
1	H	Hydrogen	수소	1.00
2	He	Helium	헬륨	4.00
3	Li	Lithium	리튬	6.94
4	Be	Beryllium	베릴륨	9.01
5	B	Boron	붕소	10.81
6	C	Carbon	탄소	12.01
7	N	Nitrogen	질소	14.01
8	O	Oxygen	산소	16.00
9	F	Fluorine	플루오린	19.00
10	Ne	Neon	네온	20.18
11	Na	Sodium	나트륨	22.99
12	Mg	Magnesium	마그네슘	24.31
13	Al	Aluminium	알루미늄	26.98
14	Si	Silicon	규소	28.09
15	P	Phosphorus	인	30.97
16	S	Sulfur	황	32.07
17	Cl	Chlorine	염소	35.45
18	Ar	Argon	아르곤	39.95
19	K	Potassium	칼륨	39.1
20	Ca	Calcium	칼슘	40.08
21	Sc	Scandium	스칸듐	44.9
22	Ti	Titanium	티타늄	47.88
23	V	Vanadium	바나듐	50.94
24	Cr	Chromium	크롬	52
25	Mn	Manganese	망간	54.94

원자번호	원소기호	영문명	한글명	원자량
26	Fe	Iron	철	55.85
27	Co	Cobalt	코발트	58.93
28	Ni	Nickel	니켈	58.69
29	Cu	Copper	구리	63.55
30	Zn	Zinc	아연	65.39
31	Ga	Gallium	갈륨	69.72
32	Ge	Germanium	저마늄	72.59
33	As	Arsenic	비소	74.92
34	Se	Selenium	셀레늄	78.96
35	Br	Bromine	브로민	79.9
36	Kr	Krypton	크립톤	83.8
37	Rb	Rubidium	루비듐	85.47
38	Sr	Strontium	스트론튬	87.62
39	Y	Yttrium	이트륨	88.91
40	Zr	Zirconium	지르코늄	91.22
41	Nb	Niobium	나이오븀	92.91
42	Mo	Molybdenum	몰리브덴	95.94
43	Tc	Technetium	테크네튬	98
44	Ru	Ruthenium	루테늄	101.1
45	Rh	Rhodium	로듐	102.9
46	Pd	Palladium	팔라듐	106.4
47	Ag	Silver	은	107.9
48	Cd	Cadmium	카드뮴	112.4
49	In	Indium	인듐	114.8
50	Sn	Tin	주석	118.7

원자번호	원소기호	영문명	한글명	원자량
51	Sb	Antimony	안티몬	121.8
52	Te	Tellurium	텔루륨	127.6
53	I	Iodine	아이오딘	126.9
54	Xe	Xenon	제논	131.3
55	Cs	Cesium	세슘	132.9
56	Ba	Barium	바륨	137.3
57	La	Lanthanum	란타넘	138.9
58	Ce	Cerium	세륨	140.1
59	Pr	Praseodymium	프라세오디뮴	140.9
60	Nd	Neodymium	네오디뮴	144.2
61	pm	Promethium	프로메튬	147
62	Sm	Samarium	사마륨	150.4
63	Eu	Europium	유로퓸	152
64	Gd	Gadolinium	가돌리늄	157.3
65	Tb	Terbium	테르븀	158.9
66	Dy	Dysprosium	디스프로슘	162.5
67	Ho	Holmium	홀뮴	164.9
68	Er	Erbium	에르븀	167.3
69	Tm	Thulium	툴륨	168.9
70	Yb	Ytterbium	이테르븀	173
71	Lu	Lutetium	루테튬	175
72	Hf	Hafnium	하프늄	178.5
73	Ta	Tantalum	탄탈럼	180.9
74	W	Tungsten	텅스텐	183.9
75	Re	Rhenium	레늄	186.2
76	Os	Osmium	오스뮴	190.2
77	Ir	Iridium	이리듐	192.2
78	Pt	Platinum	백금	195.1
79	Au	Gold	금	197
80	Hg	Mercury	수은	200.59

원자번호	원소기호	영문명	한글명	원자량
81	Tl	Thallium	탈륨	204.4
82	Pb	Lead	납	207.2
83	Bi	Bismuth	비스무트	209
84	Po	Polonium	폴로늄	208.98
85	At	Astatine	아스타틴	208.99
86	Rn	Radon	라돈	222.02
87	Fr	Francium	프란슘	223.02
88	Ra	Radium	라듐	226.02
89	Ac	Actinium	악티늄	227.03
90	Th	Thorium	토륨	232
91	Pa	Protactinium	프로탁티늄	231.04
92	U	Uranium	우라늄	238.03
93	Np	Neptunium	넵투늄	237.05
94	Pu	Plutonium	플루토늄	244.66
95	Am	Americium	아메리슘	243.06
96	Cm	Curium	퀴륨	247.07
97	Bk	Berkelium	버클륨	247.07
98	Cf	Californium	칼리포늄	251.08
99	Es	Einsteinium	아인슈타이늄	252.08
100	Fm	Fermium	페르뮴	257.08
101	Md	Mendelevium	멘델레븀	258.1
102	No	Nobelium	노벨륨	259.1
103	Lr	Lawrencium	로렌슘	260.1
104	Rf	Rutherfordium	러더포듐	261.1
105	Db	Dubnium	더브늄	262
106	Sg	Seaborgium	시보귬	263
107	Bh	Bohrium	보륨	264
108	Hs	Hassium	하슘	265
109	Mt	Meitnerium	마이트너륨	266

6회/30회

원자번호	원소기호	영문명	한글명	원자량
1	H	Hydrogen	수소	1.00
2	He	Helium	헬륨	4.00
3	Li	Lithium	리튬	6.94
4	Be	Beryllium	베릴륨	9.01
5	B	Boron	붕소	10.81
6	C	Carbon	탄소	12.01
7	N	Nitrogen	질소	14.01
8	O	Oxygen	산소	16.00
9	F	Fluorine	플루오린	19.00
10	Ne	Neon	네온	20.18
11	Na	Sodium	나트륨	22.99
12	Mg	Magnesium	마그네슘	24.31
13	Al	Aluminium	알루미늄	26.98
14	Si	Silicon	규소	28.09
15	P	Phosphorus	인	30.97
16	S	Sulfur	황	32.07
17	Cl	Chlorine	염소	35.45
18	Ar	Argon	아르곤	39.95
19	K	Potassium	칼륨	39.1
20	Ca	Calcium	칼슘	40.08
21	Sc	Scandium	스칸듐	44.9
22	Ti	Titanium	티타늄	47.88
23	V	Vanadium	바나듐	50.94
24	Cr	Chromium	크롬	52
25	Mn	Manganese	망간	54.94

원자번호	원소기호	영문명	한글명	원자량
26	Fe	Iron	철	55.85
27	Co	Cobalt	코발트	58.93
28	Ni	Nickel	니켈	58.69
29	Cu	Copper	구리	63.55
30	Zn	Zinc	아연	65.39
31	Ga	Gallium	갈륨	69.72
32	Ge	Germanium	저마늄	72.59
33	As	Arsenic	비소	74.92
34	Se	Selenium	셀레늄	78.96
35	Br	Bromine	브로민	79.9
36	Kr	Krypton	크립톤	83.8
37	Rb	Rubidium	루비듐	85.47
38	Sr	Strontium	스트론튬	87.62
39	Y	Yttrium	이트륨	88.91
40	Zr	Zirconium	지르코늄	91.22
41	Nb	Niobium	나이오븀	92.91
42	Mo	Molybdenum	몰리브덴	95.94
43	Tc	Technetium	테크네튬	98
44	Ru	Ruthenium	루테늄	101.1
45	Rh	Rhodium	로듐	102.9
46	Pd	Palladium	팔라듐	106.4
47	Ag	Silver	은	107.9
48	Cd	Cadmium	카드뮴	112.4
49	In	Indium	인듐	114.8
50	Sn	Tin	주석	118.7

원자번호	원소기호	영문명	한글명	원자량
51	Sb	Antimony	안티몬	121.8
52	Te	Tellurium	텔루륨	127.6
53	I	Iodine	아이오딘	126.9
54	Xe	Xenon	제논	131.3
55	Cs	Cesium	세슘	132.9
56	Ba	Barium	바륨	137.3
57	La	Lanthanum	란타넘	138.9
58	Ce	Cerium	세륨	140.1
59	Pr	Praseodymium	프라세오디뮴	140.9
60	Nd	Neodymium	네오디뮴	144.2
61	pm	Promethium	프로메튬	147
62	Sm	Samarium	사마륨	150.4
63	Eu	Europium	유로퓸	152
64	Gd	Gadolinium	가돌리늄	157.3
65	Tb	Terbium	테르븀	158.9
66	Dy	Dysprosium	디스프로슘	162.5
67	Ho	Holmium	홀뮴	164.9
68	Er	Erbium	에르븀	167.3
69	Tm	Thulium	툴륨	168.9
70	Yb	Ytterbium	이테르븀	173
71	Lu	Lutetium	루테튬	175
72	Hf	Hafnium	하프늄	178.5
73	Ta	Tantalum	탄탈럼	180.9
74	W	Tungsten	텅스텐	183.9
75	Re	Rhenium	레늄	186.2
76	Os	Osmium	오스뮴	190.2
77	Ir	Iridium	이리듐	192.2
78	Pt	Platinum	백금	195.1
79	Au	Gold	금	197
80	Hg	Mercury	수은	200.59

원자번호	원소기호	영문명	한글명	원자량
81	Tl	Thallium	탈륨	204.4
82	Pb	Lead	납	207.2
83	Bi	Bismuth	비스무트	209
84	Po	Polonium	폴로늄	208.98
85	At	Astatine	아스타틴	208.99
86	Rn	Radon	라돈	222.02
87	Fr	Francium	프란슘	223.02
88	Ra	Radium	라듐	226.02
89	Ac	Actinium	악티늄	227.03
90	Th	Thorium	토륨	232
91	Pa	Protactinium	프로탁티늄	231.04
92	U	Uranium	우라늄	238.03
93	Np	Neptunium	넵투늄	237.05
94	Pu	Plutonium	플루토늄	244.66
95	Am	Americium	아메리슘	243.06
96	Cm	Curium	퀴륨	247.07
97	Bk	Berkelium	버클륨	247.07
98	Cf	Californium	칼리포늄	251.08
99	Es	Einsteinium	아인슈타이늄	252.08
100	Fm	Fermium	페르뮴	257.08
101	Md	Mendelevium	멘델레븀	258.1
102	No	Nobelium	노벨륨	259.1
103	Lr	Lawrencium	로렌슘	260.1
104	Rf	Rutherfordium	러더포듐	261.1
105	Db	Dubnium	더브늄	262
106	Sg	Seaborgium	시보귬	263
107	Bh	Bohrium	보륨	264
108	Hs	Hassium	하슘	265
109	Mt	Meitnerium	마이트너륨	266

7회/30회

원자번호	원소기호	영문명	한글명	원자량
1	H	Hydrogen	수소	1.00
2	He	Helium	헬륨	4.00
3	Li	Lithium	리튬	6.94
4	Be	Beryllium	베릴륨	9.01
5	B	Boron	붕소	10.81
6	C	Carbon	탄소	12.01
7	N	Nitrogen	질소	14.01
8	O	Oxygen	산소	16.00
9	F	Fluorine	플루오린	19.00
10	Ne	Neon	네온	20.18
11	Na	Sodium	나트륨	22.99
12	Mg	Magnesium	마그네슘	24.31
13	Al	Aluminium	알루미늄	26.98
14	Si	Silicon	규소	28.09
15	P	Phosphorus	인	30.97
16	S	Sulfur	황	32.07
17	Cl	Chlorine	염소	35.45
18	Ar	Argon	아르곤	39.95
19	K	Potassium	칼륨	39.1
20	Ca	Calcium	칼슘	40.08
21	Sc	Scandium	스칸듐	44.9
22	Ti	Titanium	티타늄	47.88
23	V	Vanadium	바나듐	50.94
24	Cr	Chromium	크롬	52
25	Mn	Manganese	망간	54.94

원자번호	원소기호	영문명	한글명	원자량
26	Fe	Iron	철	55.85
27	Co	Cobalt	코발트	58.93
28	Ni	Nickel	니켈	58.69
29	Cu	Copper	구리	63.55
30	Zn	Zinc	아연	65.39
31	Ga	Gallium	갈륨	69.72
32	Ge	Germanium	저마늄	72.59
33	As	Arsenic	비소	74.92
34	Se	Selenium	셀레늄	78.96
35	Br	Bromine	브로민	79.9
36	Kr	Krypton	크립톤	83.8
37	Rb	Rubidium	루비듐	85.47
38	Sr	Strontium	스트론튬	87.62
39	Y	Yttrium	이트륨	88.91
40	Zr	Zirconium	지르코늄	91.22
41	Nb	Niobium	나이오븀	92.91
42	Mo	Molybdenum	몰리브덴	95.94
43	Tc	Technetium	테크네튬	98
44	Ru	Ruthenium	루테늄	101.1
45	Rh	Rhodium	로듐	102.9
46	Pd	Palladium	팔라듐	106.4
47	Ag	Silver	은	107.9
48	Cd	Cadmium	카드뮴	112.4
49	In	Indium	인듐	114.8
50	Sn	Tin	주석	118.7

원자번호	원소기호	영문명	한글명	원자량
51	Sb	Antimony	안티몬	121.8
52	Te	Tellurium	텔루륨	127.6
53	I	Iodine	아이오딘	126.9
54	Xe	Xenon	제논	131.3
55	Cs	Cesium	세슘	132.9
56	Ba	Barium	바륨	137.3
57	La	Lanthanum	란타넘	138.9
58	Ce	Cerium	세륨	140.1
59	Pr	Praseodymium	프라세오디뮴	140.9
60	Nd	Neodymium	네오디뮴	144.2
61	pm	Promethium	프로메튬	147
62	Sm	Samarium	사마륨	150.4
63	Eu	Europium	유로퓸	152
64	Gd	Gadolinium	가돌리늄	157.3
65	Tb	Terbium	테르븀	158.9
66	Dy	Dysprosium	디스프로슘	162.5
67	Ho	Holmium	홀뮴	164.9
68	Er	Erbium	에르븀	167.3
69	Tm	Thulium	툴륨	168.9
70	Yb	Ytterbium	이테르븀	173
71	Lu	Lutetium	루테튬	175
72	Hf	Hafnium	하프늄	178.5
73	Ta	Tantalum	탄탈럼	180.9
74	W	Tungsten	텅스텐	183.9
75	Re	Rhenium	레늄	186.2
76	Os	Osmium	오스뮴	190.2
77	Ir	Iridium	이리듐	192.2
78	Pt	Platinum	백금	195.1
79	Au	Gold	금	197
80	Hg	Mercury	수은	200.59

원자번호	원소기호	영문명	한글명	원자량
81	Tl	Thallium	탈륨	204.4
82	Pb	Lead	납	207.2
83	Bi	Bismuth	비스무트	209
84	Po	Polonium	폴로늄	208.98
85	At	Astatine	아스타틴	208.99
86	Rn	Radon	라돈	222.02
87	Fr	Francium	프란슘	223.02
88	Ra	Radium	라듐	226.02
89	Ac	Actinium	악티늄	227.03
90	Th	Thorium	토륨	232
91	Pa	Protactinium	프로탁티늄	231.04
92	U	Uranium	우라늄	238.03
93	Np	Neptunium	넵투늄	237.05
94	Pu	Plutonium	플루토늄	244.66
95	Am	Americium	아메리슘	243.06
96	Cm	Curium	퀴륨	247.07
97	Bk	Berkelium	버클륨	247.07
98	Cf	Californium	칼리포늄	251.08
99	Es	Einsteinium	아인슈타이늄	252.08
100	Fm	Fermium	페르뮴	257.08
101	Md	Mendelevium	멘델레븀	258.1
102	No	Nobelium	노벨륨	259.1
103	Lr	Lawrencium	로렌슘	260.1
104	Rf	Rutherfordium	러더포듐	261.1
105	Db	Dubnium	더브늄	262
106	Sg	Seaborgium	시보귬	263
107	Bh	Bohrium	보륨	264
108	Hs	Hassium	하슘	265
109	Mt	Meitnerium	마이트너륨	266

8회/30회

원자번호	원소기호	영문명	한글명	원자량
1	H	Hydrogen	수소	1.00
2	He	Helium	헬륨	4.00
3	Li	Lithium	리튬	6.94
4	Be	Beryllium	베릴륨	9.01
5	B	Boron	붕소	10.81
6	C	Carbon	탄소	12.01
7	N	Nitrogen	질소	14.01
8	O	Oxygen	산소	16.00
9	F	Fluorine	플루오린	19.00
10	Ne	Neon	네온	20.18
11	Na	Sodium	나트륨	22.99
12	Mg	Magnesium	마그네슘	24.31
13	Al	Aluminium	알루미늄	26.98
14	Si	Silicon	규소	28.09
15	P	Phosphorus	인	30.97
16	S	Sulfur	황	32.07
17	Cl	Chlorine	염소	35.45
18	Ar	Argon	아르곤	39.95
19	K	Potassium	칼륨	39.1
20	Ca	Calcium	칼슘	40.08
21	Sc	Scandium	스칸듐	44.9
22	Ti	Titanium	티타늄	47.88
23	V	Vanadium	바나듐	50.94
24	Cr	Chromium	크롬	52
25	Mn	Manganese	망간	54.94

원자번호	원소기호	영문명	한글명	원자량
26	Fe	Iron	철	55.85
27	Co	Cobalt	코발트	58.93
28	Ni	Nickel	니켈	58.69
29	Cu	Copper	구리	63.55
30	Zn	Zinc	아연	65.39
31	Ga	Gallium	갈륨	69.72
32	Ge	Germanium	저마늄	72.59
33	As	Arsenic	비소	74.92
34	Se	Selenium	셀레늄	78.96
35	Br	Bromine	브로민	79.9
36	Kr	Krypton	크립톤	83.8
37	Rb	Rubidium	루비듐	85.47
38	Sr	Strontium	스트론튬	87.62
39	Y	Yttrium	이트륨	88.91
40	Zr	Zirconium	지르코늄	91.22
41	Nb	Niobium	나이오븀	92.91
42	Mo	Molybdenum	몰리브덴	95.94
43	Tc	Technetium	테크네튬	98
44	Ru	Ruthenium	루테늄	101.1
45	Rh	Rhodium	로듐	102.9
46	Pd	Palladium	팔라듐	106.4
47	Ag	Silver	은	107.9
48	Cd	Cadmium	카드뮴	112.4
49	In	Indium	인듐	114.8
50	Sn	Tin	주석	118.7

원자번호	원소기호	영문명	한글명	원자량
51	Sb	Antimony	안티몬	121.8
52	Te	Tellurium	텔루륨	127.6
53	I	Iodine	아이오딘	126.9
54	Xe	Xenon	제논	131.3
55	Cs	Cesium	세슘	132.9
56	Ba	Barium	바륨	137.3
57	La	Lanthanum	란타넘	138.9
58	Ce	Cerium	세륨	140.1
59	Pr	Praseodymium	프라세오디뮴	140.9
60	Nd	Neodymium	네오디뮴	144.2
61	pm	Promethium	프로메튬	147
62	Sm	Samarium	사마륨	150.4
63	Eu	Europium	유로퓸	152
64	Gd	Gadolinium	가돌리늄	157.3
65	Tb	Terbium	테르븀	158.9
66	Dy	Dysprosium	디스프로슘	162.5
67	Ho	Holmium	홀뮴	164.9
68	Er	Erbium	에르븀	167.3
69	Tm	Thulium	툴륨	168.9
70	Yb	Ytterbium	이테르븀	173
71	Lu	Lutetium	루테튬	175
72	Hf	Hafnium	하프늄	178.5
73	Ta	Tantalum	탄탈럼	180.9
74	W	Tungsten	텅스텐	183.9
75	Re	Rhenium	레늄	186.2
76	Os	Osmium	오스뮴	190.2
77	Ir	Iridium	이리듐	192.2
78	Pt	Platinum	백금	195.1
79	Au	Gold	금	197
80	Hg	Mercury	수은	200.59

원자번호	원소기호	영문명	한글명	원자량
81	Tl	Thallium	탈륨	204.4
82	Pb	Lead	납	207.2
83	Bi	Bismuth	비스무트	209
84	Po	Polonium	폴로늄	208.98
85	At	Astatine	아스타틴	208.99
86	Rn	Radon	라돈	222.02
87	Fr	Francium	프란슘	223.02
88	Ra	Radium	라듐	226.02
89	Ac	Actinium	악티늄	227.03
90	Th	Thorium	토륨	232
91	Pa	Protactinium	프로탁티늄	231.04
92	U	Uranium	우라늄	238.03
93	Np	Neptunium	넵투늄	237.05
94	Pu	Plutonium	플루토늄	244.66
95	Am	Americium	아메리슘	243.06
96	Cm	Curium	퀴륨	247.07
97	Bk	Berkelium	버클륨	247.07
98	Cf	Californium	칼리포늄	251.08
99	Es	Einsteinium	아인슈타이늄	252.08
100	Fm	Fermium	페르뮴	257.08
101	Md	Mendelevium	멘델레븀	258.1
102	No	Nobelium	노벨륨	259.1
103	Lr	Lawrencium	로렌슘	260.1
104	Rf	Rutherfordium	러더포듐	261.1
105	Db	Dubnium	더브늄	262
106	Sg	Seaborgium	시보귬	263
107	Bh	Bohrium	보륨	264
108	Hs	Hassium	하슘	265
109	Mt	Meitnerium	마이트너륨	266

9회/30회

원자번호	원소기호	영문명	한글명	원자량
1	H	Hydrogen	수소	1.00
2	He	Helium	헬륨	4.00
3	Li	Lithium	리튬	6.94
4	Be	Beryllium	베릴륨	9.01
5	B	Boron	붕소	10.81
6	C	Carbon	탄소	12.01
7	N	Nitrogen	질소	14.01
8	O	Oxygen	산소	16.00
9	F	Fluorine	플루오린	19.00
10	Ne	Neon	네온	20.18
11	Na	Sodium	나트륨	22.99
12	Mg	Magnesium	마그네슘	24.31
13	Al	Aluminium	알루미늄	26.98
14	Si	Silicon	규소	28.09
15	P	Phosphorus	인	30.97
16	S	Sulfur	황	32.07
17	Cl	Chlorine	염소	35.45
18	Ar	Argon	아르곤	39.95
19	K	Potassium	칼륨	39.1
20	Ca	Calcium	칼슘	40.08
21	Sc	Scandium	스칸듐	44.9
22	Ti	Titanium	티타늄	47.88
23	V	Vanadium	바나듐	50.94
24	Cr	Chromium	크롬	52
25	Mn	Manganese	망간	54.94

원자번호	원소기호	영문명	한글명	원자량
26	Fe	Iron	철	55.85
27	Co	Cobalt	코발트	58.93
28	Ni	Nickel	니켈	58.69
29	Cu	Copper	구리	63.55
30	Zn	Zinc	아연	65.39
31	Ga	Gallium	갈륨	69.72
32	Ge	Germanium	저마늄	72.59
33	As	Arsenic	비소	74.92
34	Se	Selenium	셀레늄	78.96
35	Br	Bromine	브로민	79.9
36	Kr	Krypton	크립톤	83.8
37	Rb	Rubidium	루비듐	85.47
38	Sr	Strontium	스트론튬	87.62
39	Y	Yttrium	이트륨	88.91
40	Zr	Zirconium	지르코늄	91.22
41	Nb	Niobium	나이오븀	92.91
42	Mo	Molybdenum	몰리브덴	95.94
43	Tc	Technetium	테크네튬	98
44	Ru	Ruthenium	루테늄	101.1
45	Rh	Rhodium	로듐	102.9
46	Pd	Palladium	팔라듐	106.4
47	Ag	Silver	은	107.9
48	Cd	Cadmium	카드뮴	112.4
49	In	Indium	인듐	114.8
50	Sn	Tin	주석	118.7

원자번호	원소기호	영문명	한글명	원자량
51	Sb	Antimony	안티몬	121.8
52	Te	Tellurium	텔루륨	127.6
53	I	Iodine	아이오딘	126.9
54	Xe	Xenon	제논	131.3
55	Cs	Cesium	세슘	132.9
56	Ba	Barium	바륨	137.3
57	La	Lanthanum	란타넘	138.9
58	Ce	Cerium	세륨	140.1
59	Pr	Praseodymium	프라세오디뮴	140.9
60	Nd	Neodymium	네오디뮴	144.2
61	pm	Promethium	프로메튬	147
62	Sm	Samarium	사마륨	150.4
63	Eu	Europium	유로퓸	152
64	Gd	Gadolinium	가돌리늄	157.3
65	Tb	Terbium	테르븀	158.9
66	Dy	Dysprosium	디스프로슘	162.5
67	Ho	Holmium	홀뮴	164.9
68	Er	Erbium	에르븀	167.3
69	Tm	Thulium	툴륨	168.9
70	Yb	Ytterbium	이테르븀	173
71	Lu	Lutetium	루테튬	175
72	Hf	Hafnium	하프늄	178.5
73	Ta	Tantalum	탄탈럼	180.9
74	W	Tungsten	텅스텐	183.9
75	Re	Rhenium	레늄	186.2
76	Os	Osmium	오스뮴	190.2
77	Ir	Iridium	이리듐	192.2
78	Pt	Platinum	백금	195.1
79	Au	Gold	금	197
80	Hg	Mercury	수은	200.59

원자번호	원소기호	영문명	한글명	원자량
81	Tl	Thallium	탈륨	204.4
82	Pb	Lead	납	207.2
83	Bi	Bismuth	비스무트	209
84	Po	Polonium	폴로늄	208.98
85	At	Astatine	아스타틴	208.99
86	Rn	Radon	라돈	222.02
87	Fr	Francium	프란슘	223.02
88	Ra	Radium	라듐	226.02
89	Ac	Actinium	악티늄	227.03
90	Th	Thorium	토륨	232
91	Pa	Protactinium	프로탁티늄	231.04
92	U	Uranium	우라늄	238.03
93	Np	Neptunium	넵투늄	237.05
94	Pu	Plutonium	플루토늄	244.66
95	Am	Americium	아메리슘	243.06
96	Cm	Curium	퀴륨	247.07
97	Bk	Berkelium	버클륨	247.07
98	Cf	Californium	칼리포늄	251.08
99	Es	Einsteinium	아인슈타이늄	252.08
100	Fm	Fermium	페르뮴	257.08
101	Md	Mendelevium	멘델레븀	258.1
102	No	Nobelium	노벨륨	259.1
103	Lr	Lawrencium	로렌슘	260.1
104	Rf	Rutherfordium	러더포듐	261.1
105	Db	Dubnium	더브늄	262
106	Sg	Seaborgium	시보귬	263
107	Bh	Bohrium	보륨	264
108	Hs	Hassium	하슘	265
109	Mt	Meitnerium	마이트너륨	266

10회/30회

원자번호	원소기호	영문명	한글명	원자량
1	H	Hydrogen	수소	1.00
2	He	Helium	헬륨	4.00
3	Li	Lithium	리튬	6.94
4	Be	Beryllium	베릴륨	9.01
5	B	Boron	붕소	10.81
6	C	Carbon	탄소	12.01
7	N	Nitrogen	질소	14.01
8	O	Oxygen	산소	16.00
9	F	Fluorine	플루오린	19.00
10	Ne	Neon	네온	20.18
11	Na	Sodium	나트륨	22.99
12	Mg	Magnesium	마그네슘	24.31
13	Al	Aluminium	알루미늄	26.98
14	Si	Silicon	규소	28.09
15	P	Phosphorus	인	30.97
16	S	Sulfur	황	32.07
17	Cl	Chlorine	염소	35.45
18	Ar	Argon	아르곤	39.95
19	K	Potassium	칼륨	39.1
20	Ca	Calcium	칼슘	40.08
21	Sc	Scandium	스칸듐	44.9
22	Ti	Titanium	티타늄	47.88
23	V	Vanadium	바나듐	50.94
24	Cr	Chromium	크롬	52
25	Mn	Manganese	망간	54.94

원자번호	원소기호	영문명	한글명	원자량
26	Fe	Iron	철	55.85
27	Co	Cobalt	코발트	58.93
28	Ni	Nickel	니켈	58.69
29	Cu	Copper	구리	63.55
30	Zn	Zinc	아연	65.39
31	Ga	Gallium	갈륨	69.72
32	Ge	Germanium	저마늄	72.59
33	As	Arsenic	비소	74.92
34	Se	Selenium	셀레늄	78.96
35	Br	Bromine	브로민	79.9
36	Kr	Krypton	크립톤	83.8
37	Rb	Rubidium	루비듐	85.47
38	Sr	Strontium	스트론튬	87.62
39	Y	Yttrium	이트륨	88.91
40	Zr	Zirconium	지르코늄	91.22
41	Nb	Niobium	나이오븀	92.91
42	Mo	Molybdenum	몰리브덴	95.94
43	Tc	Technetium	테크네튬	98
44	Ru	Ruthenium	루테늄	101.1
45	Rh	Rhodium	로듐	102.9
46	Pd	Palladium	팔라듐	106.4
47	Ag	Silver	은	107.9
48	Cd	Cadmium	카드뮴	112.4
49	In	Indium	인듐	114.8
50	Sn	Tin	주석	118.7

원자번호	원소기호	영문명	한글명	원자량
51	Sb	Antimony	안티몬	121.8
52	Te	Tellurium	텔루륨	127.6
53	I	Iodine	아이오딘	126.9
54	Xe	Xenon	제논	131.3
55	Cs	Cesium	세슘	132.9
56	Ba	Barium	바륨	137.3
57	La	Lanthanum	란타넘	138.9
58	Ce	Cerium	세륨	140.1
59	Pr	Praseodymium	프라세오디뮴	140.9
60	Nd	Neodymium	네오디뮴	144.2
61	pm	Promethium	프로메튬	147
62	Sm	Samarium	사마륨	150.4
63	Eu	Europium	유로퓸	152
64	Gd	Gadolinium	가돌리늄	157.3
65	Tb	Terbium	테르븀	158.9
66	Dy	Dysprosium	디스프로슘	162.5
67	Ho	Holmium	홀뮴	164.9
68	Er	Erbium	에르븀	167.3
69	Tm	Thulium	툴륨	168.9
70	Yb	Ytterbium	이테르븀	173
71	Lu	Lutetium	루테튬	175
72	Hf	Hafnium	하프늄	178.5
73	Ta	Tantalum	탄탈럼	180.9
74	W	Tungsten	텅스텐	183.9
75	Re	Rhenium	레늄	186.2
76	Os	Osmium	오스뮴	190.2
77	Ir	Iridium	이리듐	192.2
78	Pt	Platinum	백금	195.1
79	Au	Gold	금	197
80	Hg	Mercury	수은	200.59

원자번호	원소기호	영문명	한글명	원자량
81	Tl	Thallium	탈륨	204.4
82	Pb	Lead	납	207.2
83	Bi	Bismuth	비스무트	209
84	Po	Polonium	폴로늄	208.98
85	At	Astatine	아스타틴	208.99
86	Rn	Radon	라돈	222.02
87	Fr	Francium	프란슘	223.02
88	Ra	Radium	라듐	226.02
89	Ac	Actinium	악티늄	227.03
90	Th	Thorium	토륨	232
91	Pa	Protactinium	프로탁티늄	231.04
92	U	Uranium	우라늄	238.03
93	Np	Neptunium	넵투늄	237.05
94	Pu	Plutonium	플루토늄	244.66
95	Am	Americium	아메리슘	243.06
96	Cm	Curium	퀴륨	247.07
97	Bk	Berkelium	버클륨	247.07
98	Cf	Californium	칼리포늄	251.08
99	Es	Einsteinium	아인슈타이늄	252.08
100	Fm	Fermium	페르뮴	257.08
101	Md	Mendelevium	멘델레븀	258.1
102	No	Nobelium	노벨륨	259.1
103	Lr	Lawrencium	로렌슘	260.1
104	Rf	Rutherfordium	러더포듐	261.1
105	Db	Dubnium	더브늄	262
106	Sg	Seaborgium	시보귬	263
107	Bh	Bohrium	보륨	264
108	Hs	Hassium	하슘	265
109	Mt	Meitnerium	마이트너륨	266

11회/30회

원자번호	원소기호	영문명	한글명	원자량
1				
2				
3				
4				
5				
6				
7				
8				
9				
10				
11				
12				
13				
14				
15				
16				
17				
18				
19				
20				
21				
22				
23				
24				
25				

원자번호	원소기호	영문명	한글명	원자량
26				
27				
28				
29				
30				
31				
32				
33				
34				
35				
36				
37				
38				
39				
40				
41				
42				
43				
44				
45				
46				
47				
48				
49				
50				

원자번호	원소기호	영문명	한글명	원자량
51				
52				
53				
54				
55				
56				
57				
58				
59				
60				
61				
62				
63				
64				
65				
66				
67				
68				
69				
70				
71				
72				
73				
74				
75				
76				
77				
78				
79				
80				

원자번호	원소기호	영문명	한글명	원자량
81				
82				
83				
84				
85				
86				
87				
88				
89				
90				
91				
92				
93				
94				
95				
96				
97				
98				
99				
100				
101				
102				
103				
104				
105				
106				
107				
108				
109				

12회/30회

원자번호	원소기호	영문명	한글명	원자량
1				
2				
3				
4				
5				
6				
7				
8				
9				
10				
11				
12				
13				
14				
15				
16				
17				
18				
19				
20				
21				
22				
23				
24				
25				

원자번호	원소기호	영문명	한글명	원자량
26				
27				
28				
29				
30				
31				
32				
33				
34				
35				
36				
37				
38				
39				
40				
41				
42				
43				
44				
45				
46				
47				
48				
49				
50				

원자번호	원소기호	영문명	한글명	원자량
51				
52				
53				
54				
55				
56				
57				
58				
59				
60				
61				
62				
63				
64				
65				
66				
67				
68				
69				
70				
71				
72				
73				
74				
75				
76				
77				
78				
79				
80				

원자번호	원소기호	영문명	한글명	원자량
81				
82				
83				
84				
85				
86				
87				
88				
89				
90				
91				
92				
93				
94				
95				
96				
97				
98				
99				
100				
101				
102				
103				
104				
105				
106				
107				
108				
109				

13회/30회

원자번호	원소기호	영문명	한글명	원자량
1				
2				
3				
4				
5				
6				
7				
8				
9				
10				
11				
12				
13				
14				
15				
16				
17				
18				
19				
20				
21				
22				
23				
24				
25				

원자번호	원소기호	영문명	한글명	원자량
26				
27				
28				
29				
30				
31				
32				
33				
34				
35				
36				
37				
38				
39				
40				
41				
42				
43				
44				
45				
46				
47				
48				
49				
50				

원자번호	원소기호	영문명	한글명	원자량
51				
52				
53				
54				
55				
56				
57				
58				
59				
60				
61				
62				
63				
64				
65				
66				
67				
68				
69				
70				
71				
72				
73				
74				
75				
76				
77				
78				
79				
80				

원자번호	원소기호	영문명	한글명	원자량
81				
82				
83				
84				
85				
86				
87				
88				
89				
90				
91				
92				
93				
94				
95				
96				
97				
98				
99				
100				
101				
102				
103				
104				
105				
106				
107				
108				
109				

14회/30회

원자번호	원소기호	영문명	한글명	원자량
1				
2				
3				
4				
5				
6				
7				
8				
9				
10				
11				
12				
13				
14				
15				
16				
17				
18				
19				
20				
21				
22				
23				
24				
25				

원자번호	원소기호	영문명	한글명	원자량
26				
27				
28				
29				
30				
31				
32				
33				
34				
35				
36				
37				
38				
39				
40				
41				
42				
43				
44				
45				
46				
47				
48				
49				
50				

원자번호	원소기호	영문명	한글명	원자량
51				
52				
53				
54				
55				
56				
57				
58				
59				
60				
61				
62				
63				
64				
65				
66				
67				
68				
69				
70				
71				
72				
73				
74				
75				
76				
77				
78				
79				
80				

원자번호	원소기호	영문명	한글명	원자량
81				
82				
83				
84				
85				
86				
87				
88				
89				
90				
91				
92				
93				
94				
95				
96				
97				
98				
99				
100				
101				
102				
103				
104				
105				
106				
107				
108				
109				

15회/30회

원자번호	원소기호	영문명	한글명	원자량
1				
2				
3				
4				
5				
6				
7				
8				
9				
10				
11				
12				
13				
14				
15				
16				
17				
18				
19				
20				
21				
22				
23				
24				
25				

원자번호	원소기호	영문명	한글명	원자량
26				
27				
28				
29				
30				
31				
32				
33				
34				
35				
36				
37				
38				
39				
40				
41				
42				
43				
44				
45				
46				
47				
48				
49				
50				

원자번호	원소기호	영문명	한글명	원자량
51				
52				
53				
54				
55				
56				
57				
58				
59				
60				
61				
62				
63				
64				
65				
66				
67				
68				
69				
70				
71				
72				
73				
74				
75				
76				
77				
78				
79				
80				

원자번호	원소기호	영문명	한글명	원자량
81				
82				
83				
84				
85				
86				
87				
88				
89				
90				
91				
92				
93				
94				
95				
96				
97				
98				
99				
100				
101				
102				
103				
104				
105				
106				
107				
108				
109				

16회/30회

원자번호	원소기호	영문명	한글명	원자량
1				
2				
3				
4				
5				
6				
7				
8				
9				
10				
11				
12				
13				
14				
15				
16				
17				
18				
19				
20				
21				
22				
23				
24				
25				

원자번호	원소기호	영문명	한글명	원자량
26				
27				
28				
29				
30				
31				
32				
33				
34				
35				
36				
37				
38				
39				
40				
41				
42				
43				
44				
45				
46				
47				
48				
49				
50				

원자번호	원소기호	영문명	한글명	원자량
51				
52				
53				
54				
55				
56				
57				
58				
59				
60				
61				
62				
63				
64				
65				
66				
67				
68				
69				
70				
71				
72				
73				
74				
75				
76				
77				
78				
79				
80				

원자번호	원소기호	영문명	한글명	원자량
81				
82				
83				
84				
85				
86				
87				
88				
89				
90				
91				
92				
93				
94				
95				
96				
97				
98				
99				
100				
101				
102				
103				
104				
105				
106				
107				
108				
109				

17회/30회

원자번호	원소기호	영문명	한글명	원자량
1				
2				
3				
4				
5				
6				
7				
8				
9				
10				
11				
12				
13				
14				
15				
16				
17				
18				
19				
20				
21				
22				
23				
24				
25				

원자번호	원소기호	영문명	한글명	원자량
26				
27				
28				
29				
30				
31				
32				
33				
34				
35				
36				
37				
38				
39				
40				
41				
42				
43				
44				
45				
46				
47				
48				
49				
50				

원자번호	원소기호	영문명	한글명	원자량
51				
52				
53				
54				
55				
56				
57				
58				
59				
60				
61				
62				
63				
64				
65				
66				
67				
68				
69				
70				
71				
72				
73				
74				
75				
76				
77				
78				
79				
80				

원자번호	원소기호	영문명	한글명	원자량
81				
82				
83				
84				
85				
86				
87				
88				
89				
90				
91				
92				
93				
94				
95				
96				
97				
98				
99				
100				
101				
102				
103				
104				
105				
106				
107				
108				
109				

18회/30회

원자번호	원소기호	영문명	한글명	원자량
1				
2				
3				
4				
5				
6				
7				
8				
9				
10				
11				
12				
13				
14				
15				
16				
17				
18				
19				
20				
21				
22				
23				
24				
25				

원자번호	원소기호	영문명	한글명	원자량
26				
27				
28				
29				
30				
31				
32				
33				
34				
35				
36				
37				
38				
39				
40				
41				
42				
43				
44				
45				
46				
47				
48				
49				
50				

원자번호	원소기호	영문명	한글명	원자량
51				
52				
53				
54				
55				
56				
57				
58				
59				
60				
61				
62				
63				
64				
65				
66				
67				
68				
69				
70				
71				
72				
73				
74				
75				
76				
77				
78				
79				
80				

원자번호	원소기호	영문명	한글명	원자량
81				
82				
83				
84				
85				
86				
87				
88				
89				
90				
91				
92				
93				
94				
95				
96				
97				
98				
99				
100				
101				
102				
103				
104				
105				
106				
107				
108				
109				

19회/30회

원자번호	원소기호	영문명	한글명	원자량
1				
2				
3				
4				
5				
6				
7				
8				
9				
10				
11				
12				
13				
14				
15				
16				
17				
18				
19				
20				
21				
22				
23				
24				
25				

원자번호	원소기호	영문명	한글명	원자량
26				
27				
28				
29				
30				
31				
32				
33				
34				
35				
36				
37				
38				
39				
40				
41				
42				
43				
44				
45				
46				
47				
48				
49				
50				

원자번호	원소기호	영문명	한글명	원자량
51				
52				
53				
54				
55				
56				
57				
58				
59				
60				
61				
62				
63				
64				
65				
66				
67				
68				
69				
70				
71				
72				
73				
74				
75				
76				
77				
78				
79				
80				

원자번호	원소기호	영문명	한글명	원자량
81				
82				
83				
84				
85				
86				
87				
88				
89				
90				
91				
92				
93				
94				
95				
96				
97				
98				
99				
100				
101				
102				
103				
104				
105				
106				
107				
108				
109				

20회/30회

원자번호	원소기호	영문명	한글명	원자량
1				
2				
3				
4				
5				
6				
7				
8				
9				
10				
11				
12				
13				
14				
15				
16				
17				
18				
19				
20				
21				
22				
23				
24				
25				

원자번호	원소기호	영문명	한글명	원자량
26				
27				
28				
29				
30				
31				
32				
33				
34				
35				
36				
37				
38				
39				
40				
41				
42				
43				
44				
45				
46				
47				
48				
49				
50				

원자번호	원소기호	영문명	한글명	원자량
51				
52				
53				
54				
55				
56				
57				
58				
59				
60				
61				
62				
63				
64				
65				
66				
67				
68				
69				
70				
71				
72				
73				
74				
75				
76				
77				
78				
79				
80				

원자번호	원소기호	영문명	한글명	원자량
81				
82				
83				
84				
85				
86				
87				
88				
89				
90				
91				
92				
93				
94				
95				
96				
97				
98				
99				
100				
101				
102				
103				
104				
105				
106				
107				
108				
109				

21회/30회

원자번호	원소기호	영문명	한글명	원자량
1				
2				
3				
4				
5				
6				
7				
8				
9				
10				
11				
12				
13				
14				
15				
16				
17				
18				
19				
20				
21				
22				
23				
24				
25				

원자번호	원소기호	영문명	한글명	원자량
26				
27				
28				
29				
30				
31				
32				
33				
34				
35				
36				
37				
38				
39				
40				
41				
42				
43				
44				
45				
46				
47				
48				
49				
50				

원자번호	원소기호	영문명	한글명	원자량
51				
52				
53				
54				
55				
56				
57				
58				
59				
60				
61				
62				
63				
64				
65				
66				
67				
68				
69				
70				
71				
72				
73				
74				
75				
76				
77				
78				
79				
80				

원자번호	원소기호	영문명	한글명	원자량
81				
82				
83				
84				
85				
86				
87				
88				
89				
90				
91				
92				
93				
94				
95				
96				
97				
98				
99				
100				
101				
102				
103				
104				
105				
106				
107				
108				
109				

22회/30회

원자번호	원소기호	영문명	한글명	원자량
1				
2				
3				
4				
5				
6				
7				
8				
9				
10				
11				
12				
13				
14				
15				
16				
17				
18				
19				
20				
21				
22				
23				
24				
25				

원자번호	원소기호	영문명	한글명	원자량
26				
27				
28				
29				
30				
31				
32				
33				
34				
35				
36				
37				
38				
39				
40				
41				
42				
43				
44				
45				
46				
47				
48				
49				
50				

원자번호	원소기호	영문명	한글명	원자량
51				
52				
53				
54				
55				
56				
57				
58				
59				
60				
61				
62				
63				
64				
65				
66				
67				
68				
69				
70				
71				
72				
73				
74				
75				
76				
77				
78				
79				
80				

원자번호	원소기호	영문명	한글명	원자량
81				
82				
83				
84				
85				
86				
87				
88				
89				
90				
91				
92				
93				
94				
95				
96				
97				
98				
99				
100				
101				
102				
103				
104				
105				
106				
107				
108				
109				

23회/30회

원자번호	원소기호	영문명	한글명	원자량
1				
2				
3				
4				
5				
6				
7				
8				
9				
10				
11				
12				
13				
14				
15				
16				
17				
18				
19				
20				
21				
22				
23				
24				
25				

원자번호	원소기호	영문명	한글명	원자량
26				
27				
28				
29				
30				
31				
32				
33				
34				
35				
36				
37				
38				
39				
40				
41				
42				
43				
44				
45				
46				
47				
48				
49				
50				

원자번호	원소기호	영문명	한글명	원자량
51				
52				
53				
54				
55				
56				
57				
58				
59				
60				
61				
62				
63				
64				
65				
66				
67				
68				
69				
70				
71				
72				
73				
74				
75				
76				
77				
78				
79				
80				

원자번호	원소기호	영문명	한글명	원자량
81				
82				
83				
84				
85				
86				
87				
88				
89				
90				
91				
92				
93				
94				
95				
96				
97				
98				
99				
100				
101				
102				
103				
104				
105				
106				
107				
108				
109				

24회/30회

원자번호	원소기호	영문명	한글명	원자량
1				
2				
3				
4				
5				
6				
7				
8				
9				
10				
11				
12				
13				
14				
15				
16				
17				
18				
19				
20				
21				
22				
23				
24				
25				

원자번호	원소기호	영문명	한글명	원자량
26				
27				
28				
29				
30				
31				
32				
33				
34				
35				
36				
37				
38				
39				
40				
41				
42				
43				
44				
45				
46				
47				
48				
49				
50				

원자번호	원소기호	영문명	한글명	원자량
51				
52				
53				
54				
55				
56				
57				
58				
59				
60				
61				
62				
63				
64				
65				
66				
67				
68				
69				
70				
71				
72				
73				
74				
75				
76				
77				
78				
79				
80				

원자번호	원소기호	영문명	한글명	원자량
81				
82				
83				
84				
85				
86				
87				
88				
89				
90				
91				
92				
93				
94				
95				
96				
97				
98				
99				
100				
101				
102				
103				
104				
105				
106				
107				
108				
109				

25회/30회

원자번호	원소기호	영문명	한글명	원자량
1				
2				
3				
4				
5				
6				
7				
8				
9				
10				
11				
12				
13				
14				
15				
16				
17				
18				
19				
20				
21				
22				
23				
24				
25				

원자번호	원소기호	영문명	한글명	원자량
26				
27				
28				
29				
30				
31				
32				
33				
34				
35				
36				
37				
38				
39				
40				
41				
42				
43				
44				
45				
46				
47				
48				
49				
50				

원자번호	원소기호	영문명	한글명	원자량
51				
52				
53				
54				
55				
56				
57				
58				
59				
60				
61				
62				
63				
64				
65				
66				
67				
68				
69				
70				
71				
72				
73				
74				
75				
76				
77				
78				
79				
80				

원자번호	원소기호	영문명	한글명	원자량
81				
82				
83				
84				
85				
86				
87				
88				
89				
90				
91				
92				
93				
94				
95				
96				
97				
98				
99				
100				
101				
102				
103				
104				
105				
106				
107				
108				
109				

26회/30회

원자번호	원소기호	영문명	한글명	원자량
1				
2				
3				
4				
5				
6				
7				
8				
9				
10				
11				
12				
13				
14				
15				
16				
17				
18				
19				
20				
21				
22				
23				
24				
25				

원자번호	원소기호	영문명	한글명	원자량
26				
27				
28				
29				
30				
31				
32				
33				
34				
35				
36				
37				
38				
39				
40				
41				
42				
43				
44				
45				
46				
47				
48				
49				
50				

원자번호	원소기호	영문명	한글명	원자량
51				
52				
53				
54				
55				
56				
57				
58				
59				
60				
61				
62				
63				
64				
65				
66				
67				
68				
69				
70				
71				
72				
73				
74				
75				
76				
77				
78				
79				
80				

원자번호	원소기호	영문명	한글명	원자량
81				
82				
83				
84				
85				
86				
87				
88				
89				
90				
91				
92				
93				
94				
95				
96				
97				
98				
99				
100				
101				
102				
103				
104				
105				
106				
107				
108				
109				

27회/30회

원자번호	원소기호	영문명	한글명	원자량
1				
2				
3				
4				
5				
6				
7				
8				
9				
10				
11				
12				
13				
14				
15				
16				
17				
18				
19				
20				
21				
22				
23				
24				
25				

원자번호	원소기호	영문명	한글명	원자량
26				
27				
28				
29				
30				
31				
32				
33				
34				
35				
36				
37				
38				
39				
40				
41				
42				
43				
44				
45				
46				
47				
48				
49				
50				

원자번호	원소기호	영문명	한글명	원자량
51				
52				
53				
54				
55				
56				
57				
58				
59				
60				
61				
62				
63				
64				
65				
66				
67				
68				
69				
70				
71				
72				
73				
74				
75				
76				
77				
78				
79				
80				

원자번호	원소기호	영문명	한글명	원자량
81				
82				
83				
84				
85				
86				
87				
88				
89				
90				
91				
92				
93				
94				
95				
96				
97				
98				
99				
100				
101				
102				
103				
104				
105				
106				
107				
108				
109				

28회/30회

원자번호	원소기호	영문명	한글명	원자량
1				
2				
3				
4				
5				
6				
7				
8				
9				
10				
11				
12				
13				
14				
15				
16				
17				
18				
19				
20				
21				
22				
23				
24				
25				
26				
27				
28				
29				
30				
31				
32				
33				
34				
35				
36				
37				
38				
39				
40				
41				
42				
43				
44				
45				
46				
47				
48				
49				
50				

원자번호	원소기호	영문명	한글명	원자량
51				
52				
53				
54				
55				
56				
57				
58				
59				
60				
61				
62				
63				
64				
65				
66				
67				
68				
69				
70				
71				
72				
73				
74				
75				
76				
77				
78				
79				
80				

원자번호	원소기호	영문명	한글명	원자량
81				
82				
83				
84				
85				
86				
87				
88				
89				
90				
91				
92				
93				
94				
95				
96				
97				
98				
99				
100				
101				
102				
103				
104				
105				
106				
107				
108				
109				

29회/30회

원자번호	원소기호	영문명	한글명	원자량
1				
2				
3				
4				
5				
6				
7				
8				
9				
10				
11				
12				
13				
14				
15				
16				
17				
18				
19				
20				
21				
22				
23				
24				
25				

원자번호	원소기호	영문명	한글명	원자량
26				
27				
28				
29				
30				
31				
32				
33				
34				
35				
36				
37				
38				
39				
40				
41				
42				
43				
44				
45				
46				
47				
48				
49				
50				

원자번호	원소기호	영문명	한글명	원자량
51				
52				
53				
54				
55				
56				
57				
58				
59				
60				
61				
62				
63				
64				
65				
66				
67				
68				
69				
70				
71				
72				
73				
74				
75				
76				
77				
78				
79				
80				

원자번호	원소기호	영문명	한글명	원자량
81				
82				
83				
84				
85				
86				
87				
88				
89				
90				
91				
92				
93				
94				
95				
96				
97				
98				
99				
100				
101				
102				
103				
104				
105				
106				
107				
108				
109				

30회/30회

원자번호	원소기호	영문명	한글명	원자량
1				
2				
3				
4				
5				
6				
7				
8				
9				
10				
11				
12				
13				
14				
15				
16				
17				
18				
19				
20				
21				
22				
23				
24				
25				

원자번호	원소기호	영문명	한글명	원자량
26				
27				
28				
29				
30				
31				
32				
33				
34				
35				
36				
37				
38				
39				
40				
41				
42				
43				
44				
45				
46				
47				
48				
49				
50				

원자번호	원소기호	영문명	한글명	원자량
51				
52				
53				
54				
55				
56				
57				
58				
59				
60				
61				
62				
63				
64				
65				
66				
67				
68				
69				
70				
71				
72				
73				
74				
75				
76				
77				
78				
79				
80				

원자번호	원소기호	영문명	한글명	원자량
81				
82				
83				
84				
85				
86				
87				
88				
89				
90				
91				
92				
93				
94				
95				
96				
97				
98				
99				
100				
101				
102				
103				
104				
105				
106				
107				
108				
109				

8. 장주기형 주기율표 쓰기(1~70회)

1회/70회

[IUPAC에 따름]

원자번호: 1 / 원자기호: H / 원자명: 수소, Hydrogen / 원자량: 1.00

족 주기	1	2	3	4	5	6	7	8	9	10	11	12	13	14	15	16	17	18
1	1 H 수소 Hydrogen 1.00																	2 He 헬륨 Helium 4.00
2	3 Li 리튬 Lithum 6.94	4 Be 베릴륨 Beryllium 9.01											5 B 붕소 Boron 10.811	6 C 탄소 Carbon 12.01	7 N 질소 Nitrogen 14.00	8 O 산소 Oxygen 16.00	9 F 플루오린 Fluorine 19.00	10 Ne 네온 Neon 20.18
3	11 Na 나트륨 Sodium 22.99	12 Mg 마그네슘 Magnesium 24.31											13 Al 알루미늄 Aluminium 26.98	14 Si 규소 Silicon 28.09	15 P 인 Phosphorus 30.97	16 S 황 Sulfur 32.07	17 Cl 염소 Chlorine 35.45	18 Ar 아르곤 Argon 39.95
4	19 K 칼륨 Potassium 40.00	20 Ca 칼슘 Calcium 40.08	21 Sc 스칸듐 Scandium 44.96	22 Ti 타이타늄 Titanium 47.87	23 V 바나듐 Vanadium 50.94	24 Cr 크로뮴 Chromium 52.00	25 Mn 망가니즈 Manganese 54.94	26 Fe 철 Iron 55.85	27 Co 코발트 Cobalt 58.93	28 Ni 니켈 Nickel 58.69	29 Cu 구리 Copper 63.55	30 Zn 아연 Zinc 65.41	31 Ga 갈륨 Gallium 69.72	32 Ge 저마늄 Germanium 72.64	33 As 비소 Arsenic 74.92	34 Se 셀레늄 Selenium 78.96	35 Br 브로민 Bromine 79.90	36 Kr 크립톤 Krypton 83.80
5	37 Rb 루비듐 Rubidium 85.47	38 Sr 스트론튬 Strontium 87.62	39 Y 이트륨 Yttrium 88.91	40 Zr 지르코늄 Zirconium 91.23	41 Nb 나이오븀 Niobium 92.91	42 Mo 몰리브데넘 Molybdenum 95.94	43 Tc 테크네튬 Technetium [98]	44 Ru 루테늄 Ruthenium 101.07	45 Rh 로듐 Rhodium 102.91	46 Pd 팔라듐 Palladium 106.42	47 Ag 은 Silver 107.87	48 Cd 카드뮴 Cadmium 112.41	49 In 인듐 Indium 114.82	50 Sn 주석 Tin 118.71	51 Sb 안티모니 Antimony 121.76	52 Te 텔루륨 Tellurium 127.60	53 I 아이오딘 Iodine 126.90	54 Xe 제논 Xenon 131.29
6	55 Cs 세슘 Cesium 132.91	56 Ba 바륨 Barium 137.33	란타넘족	72 Hf 하프늄 Hafnium 178.49	73 Ta 탄탈럼 Tantalum 180.95	74 W 텅스텐 Tungsten 183.34	75 Re 레늄 Rhenium 186.21	76 Os 오스뮴 Osmium 190.23	77 Ir 이리듐 Iridium 192.22	78 Pt 백금 Platinum 195.08	79 Au 금 Gold 196.97	80 Hg 수은 Mercury 200.59	81 Tl 탈륨 Thallium 204.38	82 Pb 납 Lead 207.2	83 Bi 비스무트 Bismuth 208.98	84 Po 폴로늄 Polonium [209]	85 At 아스타틴 Astatine [211]	86 Rn 라돈 Radon [222]
7	87 Fr 프랑슘 Francium [223]	88 Ra 라듐 Radium [226]	악티늄족	104 Rf 러더퍼듐 Rutherfordium [261]	105 Db 더브늄 Dubnium [262]	106 Sg 시보귬 Seaborgium [266]	107 Bh 보륨 Bohrium [267]	108 Hs 하슘 Hassium [273]	109 Mt 마이트너륨 Meitnerium [268]	110 Ds 다름슈타튬 Darmstadtium [281]	111 Rg 뢴트게늄 Roentgenium [272]	112 Uub 우눈븀 Ununbium [285]	113 Uut 우눈트륨 Ununtrium [278]	114 Uuq 우눈쿠아듐 Ununquadium [289]	115 Uup 우눈펜튬 Ununpentium [288]	116 Uuh 우눈헥슘 Ununhexium [292]	117 Uus 우눈셉튬 Ununseptium —	118 Uuo 우눈옥튬 Ununoctium [293]

란타넘족	57 La 란타넘 Lanthanum 138.91	58 Ce 세륨 Cerium 140.12	59 Pr 프라세오디뮴 Praseodymium 140.91	60 Nd 네오디뮴 Neodymium 144.24	61 Pm 프로메튬 Promethium [145]	62 Sm 사마륨 Samarium 150.36	63 Eu 유로퓸 Europium 151.96	64 Gd 가돌리늄 Gadolinium 157.25	65 Tb 터븀 Terbium 158.93	66 Dy 디스프로슘 Dysprosium 162.50	67 Ho 홀뮴 Holmium 164.93	68 Er 어븀 Erbium 167.26	69 Tm 툴륨 Thulium 168.93	70 Yb 이터븀 Ytterbium 173.04	71 Lu 루테튬 Lutetium 174.97
악티늄족	89 Ac 악티늄 Actinium [227]	90 Th 토륨 Thorium 232.04	91 Pa 프로트악티늄 Protactinium 231.04	92 U 우라늄 Uranium 238.03	93 Np 넵투늄 Neptnium [237]	94 Pu 플루토늄 Plutonium [244]	95 Am 아메리슘 Americium [243]	96 Cm 퀴륨 Curium [247]	97 Bk 버클륨 Berkelium [247]	98 Cf 캘리포늄 Californium [251]	99 Es 아인슈타이늄 Einsteinium [252]	100 Fm 페르뮴 Fermium [257]	101 Md 멘델레븀 Mendelevium [258]	102 No 노벨륨 Nobelium [259]	103 Lr 로렌슘 Lawrencium [262]

[IUPAC에 따름]

원자번호: 1 / 원자기호: H / 원자명: 수소, Hydrogen / 원자량: 1.00

족 / 주기	1	2	3	4	5	6	7	8	9	10	11	12	13	14	15	16	17	18
1	1 H 수소 Hydrogen 1.00																	2 He 헬륨 Helium 4.00
2	3 Li 리튬 Lithum 6.94	4 Be 베릴륨 Beryllium 9.01											5 B 붕소 Boron 10.811	6 C 탄소 Carbon 12.01	7 N 질소 Nitrogen 14.00	8 O 산소 Oxygen 16.00	9 F 플루오린 Fluorine 19.00	10 Ne 네온 Neon 20.18
3	11 Na 나트륨 Sodium 22.99	12 Mg 마그네슘 Magnesium 24.31											13 Al 알루미늄 Aluminium 26.98	14 Si 규소 Silicon 28.09	15 P 인 Phosphorus 30.97	16 S 황 Sulfur 32.07	17 Cl 염소 Chlorine 35.45	18 Ar 아르곤 Argon 39.95
4	19 K 칼륨 Potassium 40.00	20 Ca 칼슘 Calcium 40.08	21 Sc 스칸듐 Scandium 44.96	22 Ti 타이타늄 Titanium 47.87	23 V 바나듐 Vanadium 50.94	24 Cr 크로뮴 Chromium 52.00	25 Mn 망가니즈 Manganese 54.94	26 Fe 철 Iron 55.85	27 Co 코발트 Cobalt 58.93	28 Ni 니켈 Nickel 58.69	29 Cu 구리 Copper 63.55	30 Zn 아연 Zinc 65.41	31 Ga 갈륨 Gallium 69.72	32 Ge 저마늄 Germanium 72.64	33 As 비소 Arsenic 74.92	34 Se 셀레늄 Selenium 78.96	35 Br 브로민 Bromine 79.90	36 Kr 크립톤 Krypton 83.80
5	37 Rb 루비듐 Rubidium 85.47	38 Sr 스트론튬 Strontium 87.62	39 Y 이트륨 Yttrium 88.91	40 Zr 지르코늄 Zirconium 91.23	41 Nb 나이오븀 Niobium 92.91	42 Mo 몰리브데넘 Molybdenum 95.94	43 Tc 테크네튬 Technetium [98]	44 Ru 루테늄 Ruthenium 101.07	45 Rh 로듐 Rhodium 102.91	46 Pd 팔라듐 Palladium 106.42	47 Ag 은 Silver 107.87	48 Cd 카드뮴 Cadmium 112.41	49 In 인듐 Indium 114.82	50 Sn 주석 Tin 118.71	51 Sb 안티모니 Antimony 121.76	52 Te 텔루륨 Tellurium 127.60	53 I 아이오딘 Iodine 126.90	54 Xe 제논 Xenon 131.29
6	55 Cs 세슘 Cesium 132.91	56 Ba 바륨 Barium 137.33	란타넘족	72 Hf 하프늄 Hafnium 178.49	73 Ta 탄탈럼 Tantalum 180.95	74 W 텅스텐 Tungsten 183.34	75 Re 레늄 Rhenium 186.21	76 Os 오스뮴 Osmium 190.23	77 Ir 이리듐 Iridium 192.22	78 Pt 백금 Platinum 195.08	79 Au 금 Gold 196.97	80 Hg 수은 Mercury 200.59	81 Tl 탈륨 Thallium 204.38	82 Pb 납 Lead 207.2	83 Bi 비스무트 Bismuth 208.98	84 Po 폴로늄 Polonium [209]	85 At 아스타틴 Astatine [211]	86 Rn 라돈 Radon [222]
7	87 Fr 프랑슘 Francium [223]	88 Ra 라듐 Radium [226]	악티늄족	104 Rf 러더퍼듐 Rutherfordium [261]	105 Db 더브늄 Dubnium [262]	106 Sg 시보귬 Seaborgium [266]	107 Bh 보륨 Bohrium [267]	108 Hs 하슘 Hassium [273]	109 Mt 마이트너륨 Meitnerium [268]	110 Ds 다름슈타튬 Darmstadtium [281]	111 Rg 뢴트게늄 Roentgenium [272]	112 Uub 우눈븀 Ununbium [285]	113 Uut 우눈트륨 Ununtrium [278]	114 Uuq 우눈쿠아듐 Ununquadium [289]	115 Uup 우눈펜튬 Ununpentium [288]	116 Uuh 우눈헥슘 Ununhexium [292]	117 Uus 우눈셉튬 Ununseptium —	118 Uuo 우눈옥튬 Ununoctium [293]

란타넘족	57 La 란타넘 Lanthanum 138.91	58 Ce 세륨 Cerium 140.12	59 Pr 프라세오디뮴 Praseodymium 140.91	60 Nd 네오디뮴 Neodymium 144.24	61 Pm 프로메튬 Promethium [145]	62 Sm 사마륨 Samarium 150.36	63 Eu 유로퓸 Europium 151.96	64 Gd 가돌리늄 Gadolinium 157.25	65 Tb 터븀 Terbium 158.93	66 Dy 디스프로슘 Dysprosium 162.50	67 Ho 홀뮴 Holmium 164.93	68 Er 어븀 Erbium 167.26	69 Tm 툴륨 Thulium 168.93	70 Yb 이터븀 Ytterbium 173.04	71 Lu 루테튬 Lutetium 174.97
악티늄족	89 Ac 악티늄 Actinium [227]	90 Th 토륨 Thorium 232.04	91 Pa 프로트악티늄 Protactinium 231.04	92 U 우라늄 Uranium 238.03	93 Np 넵투늄 Neptunium [237]	94 Pu 플루토늄 Plutonium [244]	95 Am 아메리슘 Americium [243]	96 Cm 퀴륨 Curium [247]	97 Bk 버클륨 Berkelium [247]	98 Cf 캘리포늄 Californium [251]	99 Es 아인슈타이늄 Einsteinium [252]	100 Fm 페르뮴 Fermium [257]	101 Md 멘델레븀 Mendelevium [258]	102 No 노벨륨 Nobelium [259]	103 Lr 로렌슘 Lawrencium [262]

3회/70회

[IUPAC에 따름]

원자번호: 1, 원자기호: H, 원자명: 수소 / Hydrogen, 원자량: 1.00

주기 \ 족	1	2	3	4	5	6	7	8	9	10	11	12	13	14	15	16	17	18
1	1 H 수소 Hydrogen 1.00																	2 He 헬륨 Helium 4.00
2	3 Li 리튬 Lithum 6.94	4 Be 베릴륨 Beryllium 9.01											5 B 붕소 Boron 10.811	6 C 탄소 Carbon 12.01	7 N 질소 Nitrogen 14.00	8 O 산소 Oxygen 16.00	9 F 플루오린 Fluorine 19.00	10 Ne 네온 Neon 20.18
3	11 Na 나트륨 Sodium 22.99	12 Mg 마그네슘 Magnesium 24.31											13 Al 알루미늄 Aluminium 26.98	14 Si 규소 Silicon 28.09	15 P 인 Phosphorus 30.97	16 S 황 Sulfur 32.07	17 Cl 염소 Chlorine 35.45	18 Ar 아르곤 Argon 39.95
4	19 K 칼륨 Potassium 40.00	20 Ca 칼슘 Calcium 40.08	21 Sc 스칸듐 Scandium 44.96	22 Ti 타이타늄 Titanium 47.87	23 V 바나듐 Vanadium 50.94	24 Cr 크로뮴 Chromium 52.00	25 Mn 망가니즈 Manganese 54.94	26 Fe 철 Iron 55.85	27 Co 코발트 Cobalt 58.93	28 Ni 니켈 Nickel 58.69	29 Cu 구리 Copper 63.55	30 Zn 아연 Zinc 65.41	31 Ga 갈륨 Gallium 69.72	32 Ge 저마늄 Germanium 72.64	33 As 비소 Arsenic 74.92	34 Se 셀레늄 Selenium 78.96	35 Br 브로민 Bromine 79.90	36 Kr 크립톤 Krypton 83.80
5	37 Rb 루비듐 Rubidium 85.47	38 Sr 스트론튬 Strontium 87.62	39 Y 이트륨 Yttrium 88.91	40 Zr 지르코늄 Zirconium 91.23	41 Nb 나이오븀 Niobium 92.91	42 Mo 몰리브데넘 Molybdenum 95.94	43 Tc 테크네튬 Technetium [98]	44 Ru 루테늄 Ruthenium 101.07	45 Rh 로듐 Rhodium 102.91	46 Pd 팔라듐 Palladium 106.42	47 Ag 은 Silver 107.87	48 Cd 카드뮴 Cadmium 112.41	49 In 인듐 Indium 114.82	50 Sn 주석 Tin 118.71	51 Sb 안티모니 Antimony 121.76	52 Te 텔루륨 Tellurium 127.60	53 I 아이오딘 Iodine 126.90	54 Xe 제논 Xenon 131.29
6	55 Cs 세슘 Cesium 132.91	56 Ba 바륨 Barium 137.33	란타넘족	72 Hf 하프늄 Hafnium 178.49	73 Ta 탄탈럼 Tantalum 180.95	74 W 텅스텐 Tungsten 183.34	75 Re 레늄 Rhenium 186.21	76 Os 오스뮴 Osmium 190.23	77 Ir 이리듐 Iridium 192.22	78 Pt 백금 Platinum 195.08	79 Au 금 Gold 196.97	80 Hg 수은 Mercury 200.59	81 Tl 탈륨 Thallium 204.38	82 Pb 납 Lead 207.2	83 Bi 비스무트 Bismuth 208.98	84 Po 폴로늄 Polonium [209]	85 At 아스타틴 Astatine [211]	86 Rn 라돈 Radon [222]
7	87 Fr 프랑슘 Francium [223]	88 Ra 라듐 Radium [226]	악티늄족	104 Rf 러더퍼듐 Rutherfordium [261]	105 Db 더브늄 Dubnium [262]	106 Sg 시보귬 Seaborgium [266]	107 Bh 보륨 Bohrium [267]	108 Hs 하슘 Hassium [273]	109 Mt 마이트너륨 Meitnerium [268]	110 Ds 다름슈타튬 Darmstadtium [281]	111 Rg 뢴트게늄 Roentgenium [272]	112 Uub 우눈븀 Ununbium [285]	113 Uut 우눈트륨 Ununtrium [278]	114 Uuq 우눈쿠아듐 Ununquadium [289]	115 Uup 우눈펜튬 Ununpentium [288]	116 Uuh 우눈헥슘 Ununhexium [292]	117 Uus 우눈셉튬 Ununseptium —	118 Uuo 우눈옥튬 Ununoctium [293]

란타넘족	57 La 란타넘 Lanthanum 138.91	58 Ce 세륨 Cerium 140.12	59 Pr 프라세오디뮴 Praseodymium 140.91	60 Nd 네오디뮴 Neodymium 144.24	61 Pm 프로메튬 Promethium [145]	62 Sm 사마륨 Samarium 150.36	63 Eu 유로퓸 Europium 151.96	64 Gd 가돌리늄 Gadolinium 157.25	65 Tb 터븀 Terbium 158.93	66 Dy 디스프로슘 Dysprosium 162.50	67 Ho 홀뮴 Holmium 164.93	68 Er 어븀 Erbium 167.26	69 Tm 툴륨 Thulium 168.93	70 Yb 이터븀 Ytterbium 173.04	71 Lu 루테튬 Lutetium 174.97
악티늄족	89 Ac 악티늄 Actinium [227]	90 Th 토륨 Thorium 232.04	91 Pa 프로트악티늄 Protactinium 231.04	92 U 우라늄 Uranium 238.03	93 Np 넵투늄 Neptnium [237]	94 Pu 플루토늄 Plutonium [244]	95 Am 아메리슘 Americium [243]	96 Cm 퀴륨 Curium [247]	97 Bk 버클륨 Berkelium [247]	98 Cf 캘리포늄 Californium [251]	99 Es 아인슈타이늄 Einsteinium [252]	100 Fm 페르뮴 Fermium [257]	101 Md 멘델레븀 Mendelevium [258]	102 No 노벨륨 Nobelium [259]	103 Lr 로렌슘 Lawrencium [262]

[IUPAC에 따름]

원자번호 1
원자기호 H
원자명 수소 Hydrogen
원자량 1.00

족 주기	1	2	3	4	5	6	7	8	9	10	11	12	13	14	15	16	17	18
1	1 H 수소 Hydrogen 1.00																	2 He 헬륨 Helium 4.00
2	3 Li 리튬 Lithium 6.94	4 Be 베릴륨 Beryllium 9.01											5 B 붕소 Boron 10.811	6 C 탄소 Carbon 12.01	7 N 질소 Nitrogen 14.00	8 O 산소 Oxygen 16.00	9 F 플루오린 Fluorine 19.00	10 Ne 네온 Neon 20.18
3	11 Na 나트륨 Sodium 22.99	12 Mg 마그네슘 Magnesium 24.31											13 Al 알루미늄 Aluminium 26.98	14 Si 규소 Silicon 28.09	15 P 인 Phosphorus 30.97	16 S 황 Sulfur 32.07	17 Cl 염소 Chlorine 35.45	18 Ar 아르곤 Argon 39.95
4	19 K 칼륨 Potassium 40.00	20 Ca 칼슘 Calcium 40.08	21 Sc 스칸듐 Scandium 44.96	22 Ti 타이타늄 Titanium 47.87	23 V 바나듐 Vanadium 50.94	24 Cr 크로뮴 Chromium 52.00	25 Mn 망가니즈 Manganese 54.94	26 Fe 철 Iron 55.85	27 Co 코발트 Cobalt 58.93	28 Ni 니켈 Nickel 58.69	29 Cu 구리 Copper 63.55	30 Zn 아연 Zinc 65.41	31 Ga 갈륨 Gallium 69.72	32 Ge 저마늄 Germanium 72.64	33 As 비소 Arsenic 74.92	34 Se 셀레늄 Selenium 78.96	35 Br 브로민 Bromine 79.90	36 Kr 크립톤 Krypton 83.80
5	37 Rb 루비듐 Rubidium 85.47	38 Sr 스트론튬 Strontium 87.62	39 Y 이트륨 Yttrium 88.91	40 Zr 지르코늄 Zirconium 91.23	41 Nb 나이오븀 Niobium 92.91	42 Mo 몰리브데넘 Molybdenum 95.94	43 Tc 테크네튬 Technetium [98]	44 Ru 루테늄 Ruthenium 101.07	45 Rh 로듐 Rhodium 102.91	46 Pd 팔라듐 Palladium 106.42	47 Ag 은 Silver 107.87	48 Cd 카드뮴 Cadmium 112.41	49 In 인듐 Indium 114.82	50 Sn 주석 Tin 118.71	51 Sb 안티모니 Antimony 121.76	52 Te 텔루륨 Tellurium 127.60	53 I 아이오딘 Iodine 126.90	54 Xe 제논 Xenon 131.29
6	55 Cs 세슘 Cesium 132.91	56 Ba 바륨 Barium 137.33	란타넘족	72 Hf 하프늄 Hafnium 178.49	73 Ta 탄탈럼 Tantalum 180.95	74 W 텅스텐 Tungsten 183.34	75 Re 레늄 Rhenium 186.21	76 Os 오스뮴 Osmium 190.23	77 Ir 이리듐 Iridium 192.22	78 Pt 백금 Platinum 195.08	79 Au 금 Gold 196.97	80 Hg 수은 Mercury 200.59	81 Tl 탈륨 Thallium 204.38	82 Pb 납 Lead 207.2	83 Bi 비스무트 Bismuth 208.98	84 Po 폴로늄 Polonium [209]	85 At 아스타틴 Astatine [211]	86 Rn 라돈 Radon [222]
7	87 Fr 프랑슘 Francium [223]	88 Ra 라듐 Radium [226]	악티늄족	104 Rf 러더퍼듐 Rutherfordium [261]	105 Db 더브늄 Dubnium [262]	106 Sg 시보귬 Seaborgium [266]	107 Bh 보륨 Bohrium [267]	108 Hs 하슘 Hassium [273]	109 Mt 마이트너륨 Meitnerium [268]	110 Ds 다름슈타튬 Darmstadtium [281]	111 Rg 뢴트게늄 Roentgenium [272]	112 Uub 우눈븀 Ununbium [285]	113 Uut 우눈트륨 Ununtrium [278]	114 Uuq 우눈쿼듐 Ununquadium [289]	115 Uup 우눈펜튬 Ununpentium [288]	116 Uuh 우눈헥슘 Ununhexium [292]	117 Uus 우눈셉튬 Ununseptium —	118 Uuo 우눈옥튬 Ununoctium [293]

란타넘족	57 La 란타넘 Lanthanum 138.91	58 Ce 세륨 Cerium 140.12	59 Pr 프라세오디뮴 Praseodymium 140.91	60 Nd 네오디뮴 Neodymium 144.24	61 Pm 프로메튬 Promethium [145]	62 Sm 사마륨 Samarium 150.36	63 Eu 유로퓸 Europium 151.96	64 Gd 가돌리늄 Gadolinium 157.25	65 Tb 터븀 Terbium 158.93	66 Dy 디스프로슘 Dysprosium 162.50	67 Ho 홀뮴 Holmium 164.93	68 Er 어븀 Erbium 167.26	69 Tm 툴륨 Thulium 168.93	70 Yb 이터븀 Ytterbium 173.04	71 Lu 루테튬 Lutetium 174.97
악티늄족	89 Ac 악티늄 Actinium [227]	90 Th 토륨 Thorium 232.04	91 Pa 프로트악티늄 Protactinium 231.04	92 U 우라늄 Uranium 238.03	93 Np 넵투늄 Neptunium [237]	94 Pu 플루토늄 Plutonium [244]	95 Am 아메리슘 Americium [243]	96 Cm 퀴륨 Curium [247]	97 Bk 버클륨 Berkelium [247]	98 Cf 캘리포늄 Californium [251]	99 Es 아인슈타이늄 Einsteinium [252]	100 Fm 페르뮴 Fermium [257]	101 Md 멘델레븀 Mendelevium [258]	102 No 노벨륨 Nobelium [259]	103 Lr 로렌슘 Lawrencium [262]

5회/70회

[IUPAC에 따름]

원자번호: 1 / 원자기호: H / 원자명: 수소 Hydrogen / 원자량: 1.00

족 주기	1	2	3	4	5	6	7	8	9	10	11	12	13	14	15	16	17	18
1	1 H 수소 Hydrogen 1.00																	2 He 헬륨 Helium 4.00
2	3 Li 리튬 Lithium 6.94	4 Be 베릴륨 Beryllium 9.01											5 B 붕소 Boron 10.811	6 C 탄소 Carbon 12.01	7 N 질소 Nitrogen 14.00	8 O 산소 Oxygen 16.00	9 F 플루오린 Fluorine 19.00	10 Ne 네온 Neon 20.18
3	11 Na 나트륨 Sodium 22.99	12 Mg 마그네슘 Magnesium 24.31											13 Al 알루미늄 Aluminium 26.98	14 Si 규소 Silicon 28.09	15 P 인 Phosphorus 30.97	16 S 황 Sulfur 32.07	17 Cl 염소 Chlorine 35.45	18 Ar 아르곤 Argon 39.95
4	19 K 칼륨 Potassium 40.00	20 Ca 칼슘 Calcium 40.08	21 Sc 스칸듐 Scandium 44.96	22 Ti 타이타늄 Titanium 47.87	23 V 바나듐 Vanadium 50.94	24 Cr 크로뮴 Chromium 52.00	25 Mn 망가니즈 Manganese 54.94	26 Fe 철 Iron 55.85	27 Co 코발트 Cobalt 58.93	28 Ni 니켈 Nickel 58.69	29 Cu 구리 Copper 63.55	30 Zn 아연 Zinc 65.41	31 Ga 갈륨 Gallium 69.72	32 Ge 저마늄 Germanium 72.64	33 As 비소 Arsenic 74.92	34 Se 셀레늄 Selenium 78.96	35 Br 브로민 Bromine 79.90	36 Kr 크립톤 Krypton 83.80
5	37 Rb 루비듐 Rubidium 85.47	38 Sr 스트론튬 Strontium 87.62	39 Y 이트륨 Yttrium 88.91	40 Zr 지르코늄 Zirconium 91.23	41 Nb 나이오븀 Niobium 92.91	42 Mo 몰리브데넘 Molybdenum 95.94	43 Tc 테크네튬 Technetium [98]	44 Ru 루테늄 Ruthenium 101.07	45 Rh 로듐 Rhodium 102.91	46 Pd 팔라듐 Palladium 106.42	47 Ag 은 Silver 107.87	48 Cd 카드뮴 Cadmium 112.41	49 In 인듐 Indium 114.82	50 Sn 주석 Tin 118.71	51 Sb 안티모니 Antimony 121.76	52 Te 텔루륨 Tellurium 127.60	53 I 아이오딘 Iodine 126.90	54 Xe 제논 Xenon 131.29
6	55 Cs 세슘 Cesium 132.91	56 Ba 바륨 Barium 137.33	란타넘족	72 Hf 하프늄 Hafnium 178.49	73 Ta 탄탈럼 Tantalum 180.95	74 W 텅스텐 Tungsten 183.34	75 Re 레늄 Rhenium 186.21	76 Os 오스뮴 Osmium 190.23	77 Ir 이리듐 Iridium 192.22	78 Pt 백금 Platinum 195.08	79 Au 금 Gold 196.97	80 Hg 수은 Mercury 200.59	81 Tl 탈륨 Thallium 204.38	82 Pb 납 Lead 207.2	83 Bi 비스무트 Bismuth 208.98	84 Po 폴로늄 Polonium [209]	85 At 아스타틴 Astatine [211]	86 Rn 라돈 Radon [222]
7	87 Fr 프랑슘 Francium [223]	88 Ra 라듐 Radium [226]	악티늄족	104 Rf 러더퍼듐 Rutherfordium [261]	105 Db 더브늄 Dubnium [262]	106 Sg 시보귬 Seaborgium [266]	107 Bh 보륨 Bohrium [267]	108 Hs 하슘 Hassium [273]	109 Mt 마이트너륨 Meitnerium [268]	110 Ds 다름슈타튬 Darmstadtium [281]	111 Rg 뢴트게늄 Roentgenium [272]	112 Uub 우눈븀 Ununbium [285]	113 Uut 우눈트륨 Ununtrium [278]	114 Uuq 우눈쿠아듐 Ununquadium [289]	115 Uup 우눈펜튬 Ununpentium [288]	116 Uuh 우눈헥슘 Ununhexium [292]	117 Uus 우눈셉튬 Ununseptium —	118 Uuo 우눈옥튬 Ununoctium [293]

란타넘족	57 La 란타넘 Lanthanum 138.91	58 Ce 세륨 Cerium 140.12	59 Pr 프라세오디뮴 Praseodymium 140.91	60 Nd 네오디뮴 Neodymium 144.24	61 Pm 프로메튬 Promethium [145]	62 Sm 사마륨 Samarium 150.36	63 Eu 유로퓸 Europium 151.96	64 Gd 가돌리늄 Gadolinium 157.25	65 Tb 터븀 Terbium 158.93	66 Dy 디스프로슘 Dysprosium 162.50	67 Ho 홀뮴 Holmium 164.93	68 Er 어븀 Erbium 167.26	69 Tm 툴륨 Thulium 168.93	70 Yb 이터븀 Ytterbium 173.04	71 Lu 루테튬 Lutetium 174.97
악티늄족	89 Ac 악티늄 Actinium [227]	90 Th 토륨 Thorium 232.04	91 Pa 프로트악티늄 Protactinium 231.04	92 U 우라늄 Uranium 238.03	93 Np 넵투늄 Neptnium [237]	94 Pu 플루토늄 Plutonium [244]	95 Am 아메리슘 Americium [243]	96 Cm 퀴륨 Curium [247]	97 Bk 버클륨 Berkelium [247]	98 Cf 캘리포늄 Californium [251]	99 Es 아인슈타이늄 Einsteinium [252]	100 Fm 페르뮴 Fermium [257]	101 Md 멘델레븀 Mendelevium [258]	102 No 노벨륨 Nobelium [259]	103 Lr 로렌슘 Lawrencium [262]

6회/70회

[IUPAC에 따름]

원자번호 — 1 H — 원자기호
원자명 — 수소 / Hydrogen
원자량 — 1.00

족 / 주기	1	2	3	4	5	6	7	8	9	10	11	12	13	14	15	16	17	18
1	1 H 수소 Hydrogen 1.00																	2 He 헬륨 Helium 4.00
2	3 Li 리튬 Lithium 6.94	4 Be 베릴륨 Beryllium 9.01											5 B 붕소 Boron 10.811	6 C 탄소 Carbon 12.01	7 N 질소 Nitrogen 14.00	8 O 산소 Oxygen 16.00	9 F 플루오린 Fluorine 19.00	10 Ne 네온 Neon 20.18
3	11 Na 나트륨 Sodium 22.99	12 Mg 마그네슘 Magnesium 24.31											13 Al 알루미늄 Aluminium 26.98	14 Si 규소 Silicon 28.09	15 P 인 Phosphorus 30.97	16 S 황 Sulfur 32.07	17 Cl 염소 Chlorine 35.45	18 Ar 아르곤 Argon 39.95
4	19 K 칼륨 Potassium 40.00	20 Ca 칼슘 Calcium 40.08	21 Sc 스칸듐 Scandium 44.96	22 Ti 타이타늄 Titanium 47.87	23 V 바나듐 Vanadium 50.94	24 Cr 크로뮴 Chromium 52.00	25 Mn 망가니즈 Manganese 54.94	26 Fe 철 Iron 55.85	27 Co 코발트 Cobalt 58.93	28 Ni 니켈 Nickel 58.69	29 Cu 구리 Copper 63.55	30 Zn 아연 Zinc 65.41	31 Ga 갈륨 Gallium 69.72	32 Ge 저마늄 Germanium 72.64	33 As 비소 Arsenic 74.92	34 Se 셀레늄 Selenium 78.96	35 Br 브로민 Bromine 79.90	36 Kr 크립톤 Krypton 83.80
5	37 Rb 루비듐 Rubidium 85.47	38 Sr 스트론튬 Strontium 87.62	39 Y 이트륨 Yttrium 88.91	40 Zr 지르코늄 Zirconium 91.23	41 Nb 나이오븀 Niobium 92.91	42 Mo 몰리브데넘 Molybdenum 95.94	43 Tc 테크네튬 Technetium [98]	44 Ru 루테늄 Ruthenium 101.07	45 Rh 로듐 Rhodium 102.91	46 Pd 팔라듐 Palladium 106.42	47 Ag 은 Silver 107.87	48 Cd 카드뮴 Cadmium 112.41	49 In 인듐 Indium 114.82	50 Sn 주석 Tin 118.71	51 Sb 안티모니 Antimony 121.76	52 Te 텔루륨 Tellurium 127.60	53 I 아이오딘 Iodine 126.90	54 Xe 제논 Xenon 131.29
6	55 Cs 세슘 Cesium 132.91	56 Ba 바륨 Barium 137.33	란타넘족	72 Hf 하프늄 Hafnium 178.49	73 Ta 탄탈럼 Tantalum 180.95	74 W 텅스텐 Tungsten 183.34	75 Re 레늄 Rhenium 186.21	76 Os 오스뮴 Osmium 190.23	77 Ir 이리듐 Iridium 192.22	78 Pt 백금 Platinum 195.08	79 Au 금 Gold 196.97	80 Hg 수은 Mercury 200.59	81 Tl 탈륨 Thallium 204.38	82 Pb 납 Lead 207.2	83 Bi 비스무트 Bismuth 208.98	84 Po 폴로늄 Polonium [209]	85 At 아스타틴 Astatine [211]	86 Rn 라돈 Radon [222]
7	87 Fr 프랑슘 Francium [223]	88 Ra 라듐 Radium [226]	악티늄족	104 Rf 러더퍼듐 Rutherfordium [261]	105 Db 더브늄 Dubnium [262]	106 Sg 시보귬 Seaborgium [266]	107 Bh 보륨 Bohrium [267]	108 Hs 하슘 Hassium [273]	109 Mt 마이트너륨 Meitnerium [268]	110 Ds 다름슈타튬 Darmstadtium [281]	111 Rg 뢴트게늄 Roentgenium [272]	112 Uub 우눈븀 Ununbium [285]	113 Uut 우눈트륨 Ununtrium [278]	114 Uuq 우눈쿠아듐 Ununquadium [289]	115 Uup 우눈펜튬 Ununpentium [288]	116 Uuh 우눈헥슘 Ununhexium [292]	117 Uus 우눈셉튬 Ununseptium —	118 Uuo 우눈옥튬 Ununoctium [293]

란타넘족	57 La 란타넘 Lanthanum 138.91	58 Ce 세륨 Cerium 140.12	59 Pr 프라세오디뮴 Praseodymium 140.91	60 Nd 네오디뮴 Neodymium 144.24	61 Pm 프로메튬 Promethium [145]	62 Sm 사마륨 Samarium 150.36	63 Eu 유로퓸 Europium 151.96	64 Gd 가돌리늄 Gadolinium 157.25	65 Tb 터븀 Terbium 158.93	66 Dy 디스프로슘 Dysprosium 162.50	67 Ho 홀뮴 Holmium 164.93	68 Er 어븀 Erbium 167.26	69 Tm 툴륨 Thulium 168.93	70 Yb 이터븀 Ytterbium 173.04	71 Lu 루테튬 Lutetium 174.97
악티늄족	89 Ac 악티늄 Actinium [227]	90 Th 토륨 Thorium 232.04	91 Pa 프로트악티늄 Protactinium 231.04	92 U 우라늄 Uranium 238.03	93 Np 넵투늄 Neptnium [237]	94 Pu 플루토늄 Plutonium [244]	95 Am 아메리슘 Americium [243]	96 Cm 퀴륨 Curium [247]	97 Bk 버클륨 Berkelium [247]	98 Cf 캘리포늄 Californium [251]	99 Es 아인슈타이늄 Einsteinium [252]	100 Fm 페르뮴 Fermium [257]	101 Md 멘델레븀 Mendelevium [258]	102 No 노벨륨 Nobelium [259]	103 Lr 로렌슘 Lawrencium [262]

7회/70회

[IUPAC에 따름]

원자번호 — 1 H — 원자기호
원자명 — 수소 / Hydrogen
원자량 — 1.00

족 주기	1	2	3	4	5	6	7	8	9	10	11	12	13	14	15	16	17	18
1	1 H 수소 Hydrogen 1.00																	2 He 헬륨 Helium 4.00
2	3 Li 리튬 Lithum 6.94	4 Be 베릴륨 Beryllium 9.01											5 B 붕소 Boron 10.811	6 C 탄소 Carbon 12.01	7 N 질소 Nitrogen 14.00	8 O 산소 Oxygen 16.00	9 F 플루오린 Fluorine 19.00	10 Ne 네온 Neon 20.18
3	11 Na 나트륨 Sodium 22.99	12 Mg 마그네슘 Magnesium 24.31											13 Al 알루미늄 Aluminium 26.98	14 Si 규소 Silicon 28.09	15 P 인 Phosphorus 30.97	16 S 황 Sulfur 32.07	17 Cl 염소 Chlorine 35.45	18 Ar 아르곤 Argon 39.95
4	19 K 칼륨 Potassium 40.00	20 Ca 칼슘 Calcium 40.08	21 Sc 스칸듐 Scandium 44.96	22 Ti 타이타늄 Titanium 47.87	23 V 바나듐 Vanadium 50.94	24 Cr 크로뮴 Chromium 52.00	25 Mn 망가니즈 Manganese 54.94	26 Fe 철 Iron 55.85	27 Co 코발트 Cobalt 58.93	28 Ni 니켈 Nickel 58.69	29 Cu 구리 Copper 63.55	30 Zn 아연 Zinc 65.41	31 Ga 갈륨 Gallium 69.72	32 Ge 저마늄 Germanium 72.64	33 As 비소 Arsenic 74.92	34 Se 셀레늄 Selenium 78.96	35 Br 브로민 Bromine 79.90	36 Kr 크립톤 Krypton 83.80
5	37 Rb 루비듐 Rubidium 85.47	38 Sr 스트론튬 Strontium 87.62	39 Y 이트륨 Yttrium 88.91	40 Zr 지르코늄 Zirconium 91.23	41 Nb 나이오븀 Niobium 92.91	42 Mo 몰리브데넘 Molybdenum 95.94	43 Tc 테크네튬 Technetium [98]	44 Ru 루테늄 Ruthenium 101.07	45 Rh 로듐 Rhodium 102.91	46 Pd 팔라듐 Palladium 106.42	47 Ag 은 Silver 107.87	48 Cd 카드뮴 Cadmium 112.41	49 In 인듐 Indium 114.82	50 Sn 주석 Tin 118.71	51 Sb 안티모니 Antimony 121.76	52 Te 텔루륨 Tellurium 127.60	53 I 아이오딘 Iodine 126.90	54 Xe 제논 Xenon 131.29
6	55 Cs 세슘 Cesium 132.91	56 Ba 바륨 Barium 137.33	란타넘족	72 Hf 하프늄 Hafnium 178.49	73 Ta 탄탈럼 Tantalum 180.95	74 W 텅스텐 Tungsten 183.34	75 Re 레늄 Rhenium 186.21	76 Os 오스뮴 Osmium 190.23	77 Ir 이리듐 Iridium 192.22	78 Pt 백금 Platinum 195.08	79 Au 금 Gold 196.97	80 Hg 수은 Mercury 200.59	81 Tl 탈륨 Thallium 204.38	82 Pb 납 Lead 207.2	83 Bi 비스무트 Bismuth 208.98	84 Po 폴로늄 Polonium [209]	85 At 아스타틴 Astatine [211]	86 Rn 라돈 Radon [222]
7	87 Fr 프랑슘 Francium [223]	88 Ra 라듐 Radium [226]	악티늄족	104 Rf 러더퍼듐 Rutherfordium [261]	105 Db 더브늄 Dubnium [262]	106 Sg 시보귬 Seaborgium [266]	107 Bh 보륨 Bohrium [267]	108 Hs 하슘 Hassium [273]	109 Mt 마이트너륨 Meitnerium [268]	110 Ds 다름슈타튬 Darmstadtium [281]	111 Rg 뢴트게늄 Roentgenium [272]	112 Uub 우눈븀 Ununbium [285]	113 Uut 우눈트륨 Ununtrium [278]	114 Uuq 우눈쿠아듐 Ununquadium [289]	115 Uup 우눈펜튬 Ununpentium [288]	116 Uuh 우눈헥슘 Ununhexium [292]	117 Uus 우눈셉튬 Ununseptium —	118 Uuo 우눈옥튬 Ununoctium [293]

란타넘족	57 La 란타넘 Lanthanum 138.91	58 Ce 세륨 Cerium 140.12	59 Pr 프라세오디뮴 Praseodymium 140.91	60 Nd 네오디뮴 Neodymium 144.24	61 Pm 프로메튬 Promethium [145]	62 Sm 사마륨 Samarium 150.36	63 Eu 유로퓸 Europium 151.96	64 Gd 가돌리늄 Gadolinium 157.25	65 Tb 터븀 Terbium 158.93	66 Dy 디스프로슘 Dysprosium 162.50	67 Ho 홀뮴 Holmium 164.93	68 Er 어븀 Erbium 167.26	69 Tm 툴륨 Thulium 168.93	70 Yb 이터븀 Ytterbium 173.04	71 Lu 루테튬 Lutetium 174.97
악티늄족	89 Ac 악티늄 Actinium [227]	90 Th 토륨 Thorium 232.04	91 Pa 프로트악티늄 Protactinium 231.04	92 U 우라늄 Uranium 238.03	93 Np 넵투늄 Neptnium [237]	94 Pu 플루토늄 Plutonium [244]	95 Am 아메리슘 Americium [243]	96 Cm 퀴륨 Curium [247]	97 Bk 버클륨 Berkelium [247]	98 Cf 캘리포늄 Californium [251]	99 Es 아인슈타이늄 Einsteinium [252]	100 Fm 페르뮴 Fermium [257]	101 Md 멘델레븀 Mendelevium [258]	102 No 노벨륨 Nobelium [259]	103 Lr 로렌슘 Lawrencium [262]

8회/70회

[IUPAC에 따름]

원자번호 — 1H — 원자기호

원자명 — 수소 / Hydrogen

원자량 — 1.00

족 주기	1	2	3	4	5	6	7	8	9	10	11	12	13	14	15	16	17	18
1	1 H 수소 Hydrogen 1.00																	2 He 헬륨 Helium 4.00
2	3 Li 리튬 Lithum 6.94	4 Be 베릴륨 Beryllium 9.01											5 B 붕소 Boron 10.811	6 C 탄소 Carbon 12.01	7 N 질소 Nitrogen 14.00	8 O 산소 Oxygen 16.00	9 F 플루오린 Fluorine 19.00	10 Ne 네온 Neon 20.18
3	11 Na 나트륨 Sodium 22.99	12 Mg 마그네슘 Magnesium 24.31											13 Al 알루미늄 Aluminium 26.98	14 Si 규소 Silicon 28.09	15 P 인 Phosphorus 30.97	16 S 황 Sulfur 32.07	17 Cl 염소 Chlorine 35.45	18 Ar 아르곤 Argon 39.95
4	19 K 칼륨 Potassium 40.00	20 Ca 칼슘 Calcium 40.08	21 Sc 스칸듐 Scandium 44.96	22 Ti 타이타늄 Titanium 47.87	23 V 바나듐 Vanadium 50.94	24 Cr 크로뮴 Chromium 52.00	25 Mn 망가니즈 Manganese 54.94	26 Fe 철 Iron 55.85	27 Co 코발트 Cobalt 58.93	28 Ni 니켈 Nickel 58.69	29 Cu 구리 Copper 63.55	30 Zn 아연 Zinc 65.41	31 Ga 갈륨 Gallium 69.72	32 Ge 저마늄 Germanium 72.64	33 As 비소 Arsenic 74.92	34 Se 셀레늄 Selenium 78.96	35 Br 브로민 Bromine 79.90	36 Kr 크립톤 Krypton 83.80
5	37 Rb 루비듐 Rubidium 85.47	38 Sr 스트론튬 Strontium 87.62	39 Y 이트륨 Yttrium 88.91	40 Zr 지르코늄 Zirconium 91.23	41 Nb 나이오븀 Niobium 92.91	42 Mo 몰리브데넘 Molyadenum 95.94	43 Tc 테크네튬 Technetium [98]	44 Ru 루테늄 Ruthenium 101.07	45 Rh 로듐 Rhodium 102.91	46 Pd 팔라듐 Palladium 106.42	47 Ag 은 Silver 107.87	48 Cd 카드뮴 Cadmium 112.41	49 In 인듐 Indium 114.82	50 Sn 주석 Tin 118.71	51 Sb 안티모니 Antimony 121.76	52 Te 텔루륨 Tellurium 127.60	53 I 아이오딘 Iodine 126.90	54 Xe 제논 Xenon 131.29
6	55 Cs 세슘 Cesium 132.91	56 Ba 바륨 Barium 137.33	란타넘족	72 Hf 하프늄 Hafnium 178.49	73 Ta 탄탈럼 Tantalum 180.95	74 W 텅스텐 Tungsten 183.34	75 Re 레늄 Rhenium 186.21	76 Os 오스뮴 Osmium 190.23	77 Ir 이리듐 Iridium 192.22	78 Pt 백금 Platinum 195.08	79 Au 금 Gold 196.97	80 Hg 수은 Mercury 200.59	81 Tl 탈륨 Thallium 204.38	82 Pb 납 Lead 207.2	83 Bi 비스무트 Bismuth 208.98	84 Po 폴로늄 Polonium [209]	85 At 아스타틴 Astatine [211]	86 Rn 라돈 Radon [222]
7	87 Fr 프랑슘 Francium [223]	88 Ra 라듐 Radium [226]	악티늄족	104 Rf 러더퍼듐 Rutherfordium [261]	105 Db 더브늄 Dubnium [262]	106 Sg 시보귬 Seaborgium [266]	107 Bh 보륨 Bohrium [267]	108 Hs 하슘 Hassium [273]	109 Mt 마이트너륨 Meitnerium [268]	110 Ds 다름슈타튬 Darmstadtium [281]	111 Rg 뢴트게늄 Roentgenium [272]	112 Uub 우눈븀 Ununbium [285]	113 Uut 우눈트륨 Ununtrium [278]	114 Uuq 우눈쿼듐 Ununquadium [289]	115 Uup 우눈펜튬 Ununpentium [288]	116 Uuh 우눈헥슘 Ununhexium [292]	117 Uus 우눈셉튬 Ununseptium —	118 Uuo 우눈옥튬 Ununoctium [293]

란타넘족	57 La 란타넘 Lanthanum 138.91	58 Ce 세륨 Cerium 140.12	59 Pr 프라세오디뮴 Praseodymium 140.91	60 Nd 네오디뮴 Neodymium 144.24	61 Pm 프로메튬 Promethium [145]	62 Sm 사마륨 Samarium 150.36	63 Eu 유로퓸 Europium 151.96	64 Gd 가돌리늄 Gadolinium 157.25	65 Tb 터븀 Terbium 158.93	66 Dy 디스프로슘 Dysprosium 162.50	67 Ho 홀뮴 Holmium 164.93	68 Er 어븀 Erbium 167.26	69 Tm 툴륨 Thulium 168.93	70 Yb 이터븀 Ytterbium 173.04	71 Lu 루테튬 Lutetium 174.97
악티늄족	89 Ac 악티늄 Actinium [227]	90 Th 토륨 Thorium 232.04	91 Pa 프로트악티늄 Protactinium 231.04	92 U 우라늄 Uranium 238.03	93 Np 넵투늄 Neptnium [237]	94 Pu 플루토늄 Plutonium [244]	95 Am 아메리슘 Americium [243]	96 Cm 퀴륨 Curium [247]	97 Bk 버클륨 Berkelium [247]	98 Cf 캘리포늄 Californium [251]	99 Es 아인슈타이늄 Einsteinium [252]	100 Fm 페르뮴 Fermium [257]	101 Md 멘델레븀 Mendelevium [258]	102 No 노벨륨 Nobelium [259]	103 Lr 로렌슘 Lawrencium [262]

9회/70회

[IUPAC에 따름]

원자번호 1, 원자기호 H, 원자명 수소 Hydrogen, 원자량 1.00

주기 \ 족	1	2	3	4	5	6	7	8	9	10	11	12	13	14	15	16	17	18
1	1 H 수소 Hydrogen 1.00																	2 He 헬륨 Helium 4.00
2	3 Li 리튬 Lithum 6.94	4 Be 베릴륨 Beryllium 9.01											5 B 붕소 Boron 10.811	6 C 탄소 Carbon 12.01	7 N 질소 Nitrogen 14.00	8 O 산소 Oxygen 16.00	9 F 플루오린 Fluorine 19.00	10 Ne 네온 Neon 20.18
3	11 Na 나트륨 Sodium 22.99	12 Mg 마그네슘 Magnesium 24.31											13 Al 알루미늄 Aluminium 26.98	14 Si 규소 Silicon 28.09	15 P 인 Phosphorus 30.97	16 S 황 Sulfur 32.07	17 Cl 염소 Chlorine 35.45	18 Ar 아르곤 Argon 39.95
4	19 K 칼륨 Potassium 40.00	20 Ca 칼슘 Calcium 40.08	21 Sc 스칸듐 Scandium 44.96	22 Ti 타이타늄 Titanium 47.87	23 V 바나듐 Vanadium 50.94	24 Cr 크로뮴 Chromium 52.00	25 Mn 망가니즈 Manganese 54.94	26 Fe 철 Iron 55.85	27 Co 코발트 Cobalt 58.93	28 Ni 니켈 Nickel 58.69	29 Cu 구리 Copper 63.55	30 Zn 아연 Zinc 65.41	31 Ga 갈륨 Gallium 69.72	32 Ge 저마늄 Germanium 72.64	33 As 비소 Arsenic 74.92	34 Se 셀레늄 Selenium 78.96	35 Br 브로민 Bromine 79.90	36 Kr 크립톤 Krypton 83.80
5	37 Rb 루비듐 Rubidium 85.47	38 Sr 스트론튬 Strontium 87.62	39 Y 이트륨 Yttrium 88.91	40 Zr 지르코늄 Zirconium 91.23	41 Nb 나이오븀 Niobium 92.91	42 Mo 몰리브데넘 Molybdenum 95.94	43 Tc 테크네튬 Technetium [98]	44 Ru 루테늄 Ruthenium 101.07	45 Rh 로듐 Rhodium 102.91	46 Pd 팔라듐 Palladium 106.42	47 Ag 은 Silver 107.87	48 Cd 카드뮴 Cadmium 112.41	49 In 인듐 Indium 114.82	50 Sn 주석 Tin 118.71	51 Sb 안티모니 Antimony 121.76	52 Te 텔루륨 Tellurium 127.60	53 I 아이오딘 Iodine 126.90	54 Xe 제논 Xenon 131.29
6	55 Cs 세슘 Cesium 132.91	56 Ba 바륨 Barium 137.33	란타넘족	72 Hf 하프늄 Hafnium 178.49	73 Ta 탄탈럼 Tantalum 180.95	74 W 텅스텐 Tungsten 183.34	75 Re 레늄 Rhenium 186.21	76 Os 오스뮴 Osmium 190.23	77 Ir 이리듐 Iridium 192.22	78 Pt 백금 Platinum 195.08	79 Au 금 Gold 196.97	80 Hg 수은 Mercury 200.59	81 Tl 탈륨 Thallium 204.38	82 Pb 납 Lead 207.2	83 Bi 비스무트 Bismuth 208.98	84 Po 폴로늄 Polonium [209]	85 At 아스타틴 Astatine [211]	86 Rn 라돈 Radon [222]
7	87 Fr 프랑슘 Francium [223]	88 Ra 라듐 Radium [226]	악티늄족	104 Rf 러더포듐 Rutherfordium [261]	105 Db 더브늄 Dubnium [262]	106 Sg 시보귬 Seaborgium [266]	107 Bh 보륨 Bohrium [267]	108 Hs 하슘 Hassium [273]	109 Mt 마이트너륨 Meitnerium [268]	110 Ds 다름슈타튬 Darmstadtium [281]	111 Rg 뢴트게늄 Roentgenium [272]	112 Uub 우눈븀 Ununbium [285]	113 Uut 우눈트륨 Ununtrium [278]	114 Uuq 우눈쿼듐 Ununquadium [289]	115 Uup 우눈펜튬 Ununpentium [288]	116 Uuh 우눈헥슘 Ununhexium [292]	117 Uus 우눈셉튬 Ununseptium —	118 Uuo 우눈옥튬 Ununoctium [293]

란타넘족	57 La 란타넘 Lanthanum 138.91	58 Ce 세륨 Cerium 140.12	59 Pr 프라세오디뮴 Praseodymium 140.91	60 Nd 네오디뮴 Neodymium 144.24	61 Pm 프로메튬 Promethium [145]	62 Sm 사마륨 Samarium 150.36	63 Eu 유로퓸 Europium 151.96	64 Gd 가돌리늄 Gadolinium 157.25	65 Tb 터븀 Terbium 158.93	66 Dy 디스프로슘 Dysprosium 162.50	67 Ho 홀뮴 Holmium 164.93	68 Er 어븀 Erbium 167.26	69 Tm 툴륨 Thulium 168.93	70 Yb 이터븀 Ytterbium 173.04	71 Lu 루테튬 Lutetium 174.97
악티늄족	89 Ac 악티늄 Actinium [227]	90 Th 토륨 Thorium 232.04	91 Pa 프로트악티늄 Protactinium 231.04	92 U 우라늄 Uranium 238.03	93 Np 넵투늄 Neptnium [237]	94 Pu 플루토늄 Plutonium [244]	95 Am 아메리슘 Americium [243]	96 Cm 퀴륨 Curium [247]	97 Bk 버클륨 Berkelium [247]	98 Cf 캘리포늄 Californium [251]	99 Es 아인슈타이늄 Einsteinium [252]	100 Fm 페르뮴 Fermium [257]	101 Md 멘델레븀 Mendelevium [258]	102 No 노벨륨 Nobelium [259]	103 Lr 로렌슘 Lawrencium [262]

10회/70회

[IUPAC에 따름]

원자번호 — 1 H — 원자기호

원자명 — 수소 Hydrogen

원자량 — 1.00

주기 \ 족	1	2	3	4	5	6	7	8	9	10	11	12	13	14	15	16	17	18
1	1 H 수소 Hydrogen 1.00																	2 He 헬륨 Helium 4.00
2	3 Li 리튬 Lithum 6.94	4 Be 베릴륨 Beryllium 9.01											5 B 붕소 Boron 10.811	6 C 탄소 Carbon 12.01	7 N 질소 Nitrogen 14.00	8 O 산소 Oxygen 16.00	9 F 플루오린 Fluorine 19.00	10 Ne 네온 Neon 20.18
3	11 Na 나트륨 Sodium 22.99	12 Mg 마그네슘 Magnesium 24.31											13 Al 알루미늄 Aluminium 26.98	14 Si 규소 Silicon 28.09	15 P 인 Phosphorus 30.97	16 S 황 Sulfur 32.07	17 Cl 염소 Chlorine 35.45	18 Ar 아르곤 Argon 39.95
4	19 K 칼륨 Potassium 40.00	20 Ca 칼슘 Calcium 40.08	21 Sc 스칸듐 Scandium 44.96	22 Ti 타이타늄 Titanium 47.87	23 V 바나듐 Vanadium 50.94	24 Cr 크로뮴 Chromium 52.00	25 Mn 망가니즈 Manganese 54.94	26 Fe 철 Iron 55.85	27 Co 코발트 Cobalt 58.93	28 Ni 니켈 Nickel 58.69	29 Cu 구리 Copper 63.55	30 Zn 아연 Zinc 65.41	31 Ga 갈륨 Gallium 69.72	32 Ge 저마늄 Germanium 72.64	33 As 비소 Arsenic 74.92	34 Se 셀레늄 Selenium 78.96	35 Br 브로민 Bromine 79.90	36 Kr 크립톤 Krypton 83.80
5	37 Rb 루비듐 Rubidium 85.47	38 Sr 스트론튬 Strontium 87.62	39 Y 이트륨 Yttrium 88.91	40 Zr 지르코늄 Zirconium 91.23	41 Nb 나이오븀 Niobium 92.91	42 Mo 몰리브데넘 Molybdenum 95.94	43 Tc 테크네튬 Technetium [98]	44 Ru 루테늄 Ruthenium 101.07	45 Rh 로듐 Rhodium 102.91	46 Pd 팔라듐 Palladium 106.42	47 Ag 은 Silver 107.87	48 Cd 카드뮴 Cadmium 112.41	49 In 인듐 Indium 114.82	50 Sn 주석 Tin 118.71	51 Sb 안티모니 Antimony 121.76	52 Te 텔루륨 Tellurium 127.60	53 I 아이오딘 Iodine 126.90	54 Xe 제논 Xenon 131.29
6	55 Cs 세슘 Cesium 132.91	56 Ba 바륨 Barium 137.33	란타넘족	72 Hf 하프늄 Hafnium 178.49	73 Ta 탄탈럼 Tantalum 180.95	74 W 텅스텐 Tungsten 183.34	75 Re 레늄 Rhenium 186.21	76 Os 오스뮴 Osmium 190.23	77 Ir 이리듐 Iridium 192.22	78 Pt 백금 Platinum 195.08	79 Au 금 Gold 196.97	80 Hg 수은 Mercury 200.59	81 Tl 탈륨 Thallium 204.38	82 Pb 납 Lead 207.2	83 Bi 비스무트 Bismuth 208.98	84 Po 폴로늄 Polonium [209]	85 At 아스타틴 Astatine [211]	86 Rn 라돈 Radon [222]
7	87 Fr 프랑슘 Francium [223]	88 Ra 라듐 Radium [226]	악티늄족	104 Rf 러더퍼듐 Rutherfordium [261]	105 Db 더브늄 Dubnium [262]	106 Sg 시보귬 Seaborgium [266]	107 Bh 보륨 Bohrium [267]	108 Hs 하슘 Hassium [273]	109 Mt 마이트너륨 Meitnerium [268]	110 Ds 다름슈타튬 Darmstadtium [281]	111 Rg 뢴트게늄 Roentgenium [272]	112 Uub 우눈븀 Ununbium [285]	113 Uut 우눈트륨 Ununtrium [278]	114 Uuq 우눈쿼듐 Ununquadium [289]	115 Uup 우눈펜튬 Ununpentium [288]	116 Uuh 우눈헥슘 Ununhexium [292]	117 Uus 우눈셉튬 Ununseptium —	118 Uuo 우눈옥튬 Ununoctium [293]

란타넘족	57 La 란타넘 Lanthanum 138.91	58 Ce 세륨 Cerium 140.12	59 Pr 프라세오디뮴 Praseodymium 140.91	60 Nd 네오디뮴 Neodymium 144.24	61 Pm 프로메튬 Promethium [145]	62 Sm 사마륨 Samarium 150.36	63 Eu 유로퓸 Europium 151.96	64 Gd 가돌리늄 Gadolinium 157.25	65 Tb 터븀 Terbium 158.93	66 Dy 디스프로슘 Dysprosium 162.50	67 Ho 홀뮴 Holmium 164.93	68 Er 어븀 Erbium 167.26	69 Tm 툴륨 Thulium 168.93	70 Yb 이터븀 Ytterbium 173.04	71 Lu 루테튬 Lutetium 174.97
악티늄족	89 Ac 악티늄 Actinium [227]	90 Th 토륨 Thorium 232.04	91 Pa 프로트악티늄 Protactinium 231.04	92 U 우라늄 Uranium 238.03	93 Np 넵투늄 Neptnium [237]	94 Pu 플루토늄 Plutonium [244]	95 Am 아메리슘 Americium [243]	96 Cm 퀴륨 Curium [247]	97 Bk 버클륨 Berkelium [247]	98 Cf 캘리포늄 Californium [251]	99 Es 아인슈타이늄 Einsteinium [252]	100 Fm 페르뮴 Fermium [257]	101 Md 멘델레븀 Mendelevium [258]	102 No 노벨륨 Nobelium [259]	103 Lr 로렌슘 Lawrencium [262]

11회/70회

[IUPAC에 따름]

원자번호: 1 · 원자기호: H · 원자명: 수소 Hydrogen · 원자량: 1.00

주기 \ 족	1	2	3	4	5	6	7	8	9	10	11	12	13	14	15	16	17	18
1	1 H 수소 Hydrogen 1.00																	2 He 헬륨 Helium 4.00
2	3 Li 리튬 Lithum 6.94	4 Be 베릴륨 Beryllium 9.01											5 B 붕소 Boron 10.811	6 C 탄소 Carbon 12.01	7 N 질소 Nitrogen 14.00	8 O 산소 Oxygen 16.00	9 F 플루오린 Fluorine 19.00	10 Ne 네온 Neon 20.18
3	11 Na 나트륨 Sodium 22.99	12 Mg 마그네슘 Magnesium 24.31											13 Al 알루미늄 Aluminium 26.98	14 Si 규소 Silicon 28.09	15 P 인 Phosphorus 30.97	16 S 황 Sulfur 32.07	17 Cl 염소 Chlorine 35.45	18 Ar 아르곤 Argon 39.95
4	19 K 칼륨 Potassium 40.00	20 Ca 칼슘 Calcium 40.08	21 Sc 스칸듐 Scandium 44.96	22 Ti 타이타늄 Titanium 47.87	23 V 바나듐 Vanadium 50.94	24 Cr 크로뮴 Chromium 52.00	25 Mn 망가니즈 Manganese 54.94	26 Fe 철 Iron 55.85	27 Co 코발트 Cobalt 58.93	28 Ni 니켈 Nickel 58.69	29 Cu 구리 Copper 63.55	30 Zn 아연 Zinc 65.41	31 Ga 갈륨 Gallium 69.72	32 Ge 저마늄 Germanium 72.64	33 As 비소 Arsenic 74.92	34 Se 셀레늄 Selenium 78.96	35 Br 브로민 Bromine 79.90	36 Kr 크립톤 Krypton 83.80
5	37 Rb 루비듐 Rubidium 85.47	38 Sr 스트론튬 Strontium 87.62	39 Y 이트륨 Yttrium 88.91	40 Zr 지르코늄 Zirconium 91.23	41 Nb 나이오븀 Niobium 92.91	42 Mo 몰리브데넘 Molybdenum 95.94	43 Tc 테크네튬 Technetium [98]	44 Ru 루테늄 Ruthenium 101.07	45 Rh 로듐 Rhodium 102.91	46 Pd 팔라듐 Palladium 106.42	47 Ag 은 Silver 107.87	48 Cd 카드뮴 Cadmium 112.41	49 In 인듐 Indium 114.82	50 Sn 주석 Tin 118.71	51 Sb 안티모니 Antimony 121.76	52 Te 텔루륨 Tellurium 127.60	53 I 아이오딘 Iodine 126.90	54 Xe 제논 Xenon 131.29
6	55 Cs 세슘 Cesium 132.91	56 Ba 바륨 Barium 137.33	란타넘족	72 Hf 하프늄 Hafnium 178.49	73 Ta 탄탈럼 Tantalum 180.95	74 W 텅스텐 Tungsten 183.34	75 Re 레늄 Rhenium 186.21	76 Os 오스뮴 Osmium 190.23	77 Ir 이리듐 Iridium 192.22	78 Pt 백금 Platinum 195.08	79 Au 금 Gold 196.97	80 Hg 수은 Mercury 200.59	81 Tl 탈륨 Thallium 204.38	82 Pb 납 Lead 207.2	83 Bi 비스무트 Bismuth 208.98	84 Po 폴로늄 Polonium [209]	85 At 아스타틴 Astatine [211]	86 Rn 라돈 Radon [222]
7	87 Fr 프랑슘 Francium [223]	88 Ra 라듐 Radium [226]	악티늄족	104 Rf 러더퍼듐 Rutherfordium [261]	105 Db 더브늄 Dubnium [262]	106 Sg 시보귬 Seaborgium [266]	107 Bh 보륨 Bohrium [267]	108 Hs 하슘 Hassium [273]	109 Mt 마이트너륨 Meitnerium [268]	110 Ds 다름슈타튬 Darmstadtium [281]	111 Rg 뢴트게늄 Roentgenium [272]	112 Uub 우눈븀 Ununbium [285]	113 Uut 우눈트륨 Ununtrium [278]	114 Uuq 우눈쿼듐 Ununquadium [289]	115 Uup 우눈펜튬 Ununpentium [288]	116 Uuh 우눈헥슘 Ununhexium [292]	117 Uus 우눈셉튬 Ununseptium —	118 Uuo 우눈옥튬 Ununoctium [293]

란타넘족	57 La 란타넘 Lanthanum 138.91	58 Ce 세륨 Cerium 140.12	59 Pr 프라세오디뮴 Praseodymium 140.91	60 Nd 네오디뮴 Neodymium 144.24	61 Pm 프로메튬 Promethium [145]	62 Sm 사마륨 Samarium 150.36	63 Eu 유로퓸 Europium 151.96	64 Gd 가돌리늄 Gadolinium 157.25	65 Tb 터븀 Terbium 158.93	66 Dy 디스프로슘 Dysprosium 162.50	67 Ho 홀뮴 Holmium 164.93	68 Er 어븀 Erbium 167.26	69 Tm 툴륨 Thulium 168.93	70 Yb 이터븀 Ytterbium 173.04	71 Lu 루테튬 Lutetium 174.97
악티늄족	89 Ac 악티늄 Actinium [227]	90 Th 토륨 Thorium 232.04	91 Pa 프로트악티늄 Protactinium 231.04	92 U 우라늄 Uranium 238.03	93 Np 넵투늄 Neptnium [237]	94 Pu 플루토늄 Plutonium [244]	95 Am 아메리슘 Americium [243]	96 Cm 퀴륨 Curium [247]	97 Bk 버클륨 Berkelium [247]	98 Cf 캘리포늄 Californium [251]	99 Es 아인슈타이늄 Einsteinium [252]	100 Fm 페르뮴 Fermium [257]	101 Md 멘델레븀 Mendelevium [258]	102 No 노벨륨 Nobelium [259]	103 Lr 로렌슘 Lawrencium [262]

12회/70회

[IUPAC에 따름]

원자번호 — 1 H — 원자기호

원자명 — 수소 / Hydrogen

원자량 — 1.00

족 / 주기	1	2	3	4	5	6	7	8	9	10	11	12	13	14	15	16	17	18
1	1 H 수소 Hydrogen 1.00																	2 He 헬륨 Helium 4.00
2	3 Li 리튬 Lithum 6.94	4 Be 베릴륨 Beryllium 9.01											5 B 붕소 Boron 10.811	6 C 탄소 Carbon 12.01	7 N 질소 Nitrogen 14.00	8 O 산소 Oxygen 16.00	9 F 플루오린 Fluorine 19.00	10 Ne 네온 Neon 20.18
3	11 Na 나트륨 Sodium 22.99	12 Mg 마그네슘 Magnesium 24.31											13 Al 알루미늄 Aluminium 26.98	14 Si 규소 Silicon 28.09	15 P 인 Phosphorus 30.97	16 S 황 Sulfur 32.07	17 Cl 염소 Chlorine 35.45	18 Ar 아르곤 Argon 39.95
4	19 K 칼륨 Potassium 40.00	20 Ca 칼슘 Calcium 40.08	21 Sc 스칸듐 Scandium 44.96	22 Ti 타이타늄 Titanium 47.87	23 V 바나듐 Vanadium 50.94	24 Cr 크로뮴 Chromium 52.00	25 Mn 망가니즈 Manganese 54.94	26 Fe 철 Iron 55.85	27 Co 코발트 Cobalt 58.93	28 Ni 니켈 Nickel 58.69	29 Cu 구리 Copper 63.55	30 Zn 아연 Zinc 65.41	31 Ga 갈륨 Gallium 69.72	32 Ge 저마늄 Germanium 72.64	33 As 비소 Arsenic 74.92	34 Se 셀레늄 Selenium 78.96	35 Br 브로민 Bromine 79.90	36 Kr 크립톤 Krypton 83.80
5	37 Rb 루비듐 Rubidium 85.47	38 Sr 스트론튬 Strontium 87.62	39 Y 이트륨 Yttrium 88.91	40 Zr 지르코늄 Zirconium 91.23	41 Nb 나이오븀 Niobium 92.91	42 Mo 몰리브데넘 Molybdenum 95.94	43 Tc 테크네튬 Technetium [98]	44 Ru 루테늄 Ruthenium 101.07	45 Rh 로듐 Rhodium 102.91	46 Pd 팔라듐 Palladium 106.42	47 Ag 은 Silver 107.87	48 Cd 카드뮴 Cadmium 112.41	49 In 인듐 Indium 114.82	50 Sn 주석 Tin 118.71	51 Sb 안티모니 Antimony 121.76	52 Te 텔루륨 Tellurium 127.60	53 I 아이오딘 Iodine 126.90	54 Xe 제논 Xenon 131.29
6	55 Cs 세슘 Cesium 132.91	56 Ba 바륨 Barium 137.33	란타넘족	72 Hf 하프늄 Hafnium 178.49	73 Ta 탄탈럼 Tantalum 180.95	74 W 텅스텐 Tungsten 183.34	75 Re 레늄 Rhenium 186.21	76 Os 오스뮴 Osmium 190.23	77 Ir 이리듐 Iridium 192.22	78 Pt 백금 Platinum 195.08	79 Au 금 Gold 196.97	80 Hg 수은 Mercury 200.59	81 Tl 탈륨 Thallium 204.38	82 Pb 납 Lead 207.2	83 Bi 비스무트 Bismuth 208.98	84 Po 폴로늄 Polonium [209]	85 At 아스타틴 Astatine [211]	86 Rn 라돈 Radon [222]
7	87 Fr 프랑슘 Francium [223]	88 Ra 라듐 Radium [226]	악티늄족	104 Rf 러더포듐 Rutherfordium [261]	105 Db 더브늄 Dubnium [262]	106 Sg 시보귬 Seaborgium [266]	107 Bh 보륨 Bohrium [267]	108 Hs 하슘 Hassium [273]	109 Mt 마이트너륨 Meitnerium [268]	110 Ds 다름슈타튬 Darmstadtium [281]	111 Rg 뢴트게늄 Roentgenium [272]	112 Uub 우눈븀 Ununbium [285]	113 Uut 우눈트륨 Ununtrium [278]	114 Uuq 우눈쿼듐 Ununquadium [289]	115 Uup 우눈펜튬 Ununpentium [288]	116 Uuh 우눈헥슘 Ununhexium [292]	117 Uus 우눈셉튬 Ununseptium —	118 Uuo 우눈옥튬 Ununoctium [293]

란타넘족	57 La 란타넘 Lanthanum 138.91	58 Ce 세륨 Cerium 140.12	59 Pr 프라세오디뮴 Praseodymium 140.91	60 Nd 네오디뮴 Neodymium 144.24	61 Pm 프로메튬 Promethium [145]	62 Sm 사마륨 Samarium 150.36	63 Eu 유로퓸 Europium 151.96	64 Gd 가돌리늄 Gadolinium 157.25	65 Tb 터븀 Terbium 158.93	66 Dy 디스프로슘 Dysprosium 162.50	67 Ho 홀뮴 Holmium 164.93	68 Er 어븀 Erbium 167.26	69 Tm 툴륨 Thulium 168.93	70 Yb 이터븀 Ytterbium 173.04	71 Lu 루테튬 Lutetium 174.97
악티늄족	89 Ac 악티늄 Actinium [227]	90 Th 토륨 Thorium 232.04	91 Pa 프로트악티늄 Protactinium 231.04	92 U 우라늄 Uranium 238.03	93 Np 넵투늄 Neptnium [237]	94 Pu 플루토늄 Plutonium [244]	95 Am 아메리슘 Americium [243]	96 Cm 퀴륨 Curium [247]	97 Bk 버클륨 Berkelium [247]	98 Cf 캘리포늄 Californium [251]	99 Es 아인슈타이늄 Einsteinium [252]	100 Fm 페르뮴 Fermium [257]	101 Md 멘델레븀 Mendelevium [258]	102 No 노벨륨 Nobelium [259]	103 Lr 로렌슘 Lawrencium [262]

13회/70회

[IUPAC에 따름]

원자번호: 1, 원자기호: H, 원자명: 수소 / Hydrogen, 원자량: 1.00

족 / 주기	1	2	3	4	5	6	7	8	9	10	11	12	13	14	15	16	17	18
1	1 H 수소 Hydrogen 1.00																	2 He 헬륨 Helium 4.00
2	3 Li 리튬 Lithium 6.94	4 Be 베릴륨 Beryllium 9.01											5 B 붕소 Boron 10.811	6 C 탄소 Carbon 12.01	7 N 질소 Nitrogen 14.00	8 O 산소 Oxygen 16.00	9 F 플루오린 Fluorine 19.00	10 Ne 네온 Neon 20.18
3	11 Na 나트륨 Sodium 22.99	12 Mg 마그네슘 Magnesium 24.31											13 Al 알루미늄 Aluminium 26.98	14 Si 규소 Silicon 28.09	15 P 인 Phosphorus 30.97	16 S 황 Sulfur 32.07	17 Cl 염소 Chlorine 35.45	18 Ar 아르곤 Argon 39.95
4	19 K 칼륨 Potassium 40.00	20 Ca 칼슘 Calcium 40.08	21 Sc 스칸듐 Scandium 44.96	22 Ti 타이타늄 Titanium 47.87	23 V 바나듐 Vanadium 50.94	24 Cr 크로뮴 Chromium 52.00	25 Mn 망가니즈 Manganese 54.94	26 Fe 철 Iron 55.85	27 Co 코발트 Cobalt 58.93	28 Ni 니켈 Nickel 58.69	29 Cu 구리 Copper 63.55	30 Zn 아연 Zinc 65.41	31 Ga 갈륨 Gallium 69.72	32 Ge 저마늄 Germanium 72.64	33 As 비소 Arsenic 74.92	34 Se 셀레늄 Selenium 78.96	35 Br 브로민 Bromine 79.90	36 Kr 크립톤 Krypton 83.80
5	37 Rb 루비듐 Rubidium 85.47	38 Sr 스트론튬 Strontium 87.62	39 Y 이트륨 Yttrium 88.91	40 Zr 지르코늄 Zirconium 91.23	41 Nb 나이오븀 Niobium 92.91	42 Mo 몰리브데넘 Molybdenum 95.94	43 Tc 테크네튬 Technetium [98]	44 Ru 루테늄 Ruthenium 101.07	45 Rh 로듐 Rhodium 102.91	46 Pd 팔라듐 Palladium 106.42	47 Ag 은 Silver 107.87	48 Cd 카드뮴 Cadmium 112.41	49 In 인듐 Indium 114.82	50 Sn 주석 Tin 118.71	51 Sb 안티모니 Antimony 121.76	52 Te 텔루륨 Tellurium 127.60	53 I 아이오딘 Iodine 126.90	54 Xe 제논 Xenon 131.29
6	55 Cs 세슘 Cesium 132.91	56 Ba 바륨 Barium 137.33	란타넘족	72 Hf 하프늄 Hafnium 178.49	73 Ta 탄탈럼 Tantalum 180.95	74 W 텅스텐 Tungsten 183.34	75 Re 레늄 Rhenium 186.21	76 Os 오스뮴 Osmium 190.23	77 Ir 이리듐 Iridium 192.22	78 Pt 백금 Platinum 195.08	79 Au 금 Gold 196.97	80 Hg 수은 Mercury 200.59	81 Tl 탈륨 Thallium 204.38	82 Pb 납 Lead 207.2	83 Bi 비스무트 Bismuth 208.98	84 Po 폴로늄 Polonium [209]	85 At 아스타틴 Astatine [211]	86 Rn 라돈 Radon [222]
7	87 Fr 프랑슘 Francium [223]	88 Ra 라듐 Radium [226]	악티늄족	104 Rf 러더포듐 Rutherfordium [261]	105 Db 더브늄 Dubnium [262]	106 Sg 시보귬 Seaborgium [266]	107 Bh 보륨 Bohrium [267]	108 Hs 하슘 Hassium [273]	109 Mt 마이트너륨 Meitnerium [268]	110 Ds 다름슈타튬 Darmstadtium [281]	111 Rg 뢴트게늄 Roentgenium [272]	112 Uub 우눈븀 Ununbium [285]	113 Uut 우눈트륨 Ununtrium [278]	114 Uuq 우눈쿼듐 Ununquadium [289]	115 Uup 우눈펜튬 Ununpentium [288]	116 Uuh 우눈헥슘 Ununhexium [292]	117 Uus 우눈셉튬 Ununseptium —	118 Uuo 우눈옥튬 Ununoctium [293]

란타넘족	57 La 란타넘 Lanthanum 138.91	58 Ce 세륨 Cerium 140.12	59 Pr 프라세오디뮴 Praseodymium 140.91	60 Nd 네오디뮴 Neodymium 144.24	61 Pm 프로메튬 Promethium [145]	62 Sm 사마륨 Samarium 150.36	63 Eu 유로퓸 Europium 151.96	64 Gd 가돌리늄 Gadolinium 157.25	65 Tb 터븀 Terbium 158.93	66 Dy 디스프로슘 Dysprosium 162.50	67 Ho 홀뮴 Holmium 164.93	68 Er 어븀 Erbium 167.26	69 Tm 툴륨 Thulium 168.93	70 Yb 이터븀 Ytterbium 173.04	71 Lu 루테튬 Lutetium 174.97
악티늄족	89 Ac 악티늄 Actinium [227]	90 Th 토륨 Thorium 232.04	91 Pa 프로트악티늄 Protactinium 231.04	92 U 우라늄 Uranium 238.03	93 Np 넵투늄 Neptnium [237]	94 Pu 플루토늄 Plutonium [244]	95 Am 아메리슘 Americium [243]	96 Cm 퀴륨 Curium [247]	97 Bk 버클륨 Berkelium [247]	98 Cf 캘리포늄 Californium [251]	99 Es 아인슈타이늄 Einsteinium [252]	100 Fm 페르뮴 Fermium [257]	101 Md 멘델레븀 Mendelevium [258]	102 No 노벨륨 Nobelium [259]	103 Lr 로렌슘 Lawrencium [262]

14회/70회

[IUPAC에 따름]

원자번호: 1, 원자기호: H, 원자명: 수소 Hydrogen, 원자량: 1.00

족 / 주기	1	2	3	4	5	6	7	8	9	10	11	12	13	14	15	16	17	18
1	1 H 수소 Hydrogen 1.00																	2 He 헬륨 Helium 4.00
2	3 Li 리튬 Lithium 6.94	4 Be 베릴륨 Beryllium 9.01											5 B 붕소 Boron 10.811	6 C 탄소 Carbon 12.01	7 N 질소 Nitrogen 14.00	8 O 산소 Oxygen 16.00	9 F 플루오린 Fluorine 19.00	10 Ne 네온 Neon 20.18
3	11 Na 나트륨 Sodium 22.99	12 Mg 마그네슘 Magnesium 24.31											13 Al 알루미늄 Aluminium 26.98	14 Si 규소 Silicon 28.09	15 P 인 Phosphorus 30.97	16 S 황 Sulfur 32.07	17 Cl 염소 Chlorine 35.45	18 Ar 아르곤 Argon 39.95
4	19 K 칼륨 Potassium 40.00	20 Ca 칼슘 Calcium 40.08	21 Sc 스칸듐 Scandium 44.96	22 Ti 타이타늄 Titanium 47.87	23 V 바나듐 Vanadium 50.94	24 Cr 크로뮴 Chromium 52.00	25 Mn 망가니즈 Manganese 54.94	26 Fe 철 Iron 55.85	27 Co 코발트 Cobalt 58.93	28 Ni 니켈 Nickel 58.69	29 Cu 구리 Copper 63.55	30 Zn 아연 Zinc 65.41	31 Ga 갈륨 Gallium 69.72	32 Ge 저마늄 Germanium 72.64	33 As 비소 Arsenic 74.92	34 Se 셀레늄 Selenium 78.96	35 Br 브로민 Bromine 79.90	36 Kr 크립톤 Krypton 83.80
5	37 Rb 루비듐 Rubidium 85.47	38 Sr 스트론튬 Strontium 87.62	39 Y 이트륨 Yttrium 88.91	40 Zr 지르코늄 Zirconium 91.23	41 Nb 나이오븀 Niobium 92.91	42 Mo 몰리브데넘 Molybdenum 95.94	43 Tc 테크네튬 Technetium [98]	44 Ru 루테늄 Ruthenium 101.07	45 Rh 로듐 Rhodium 102.91	46 Pd 팔라듐 Palladium 106.42	47 Ag 은 Silver 107.87	48 Cd 카드뮴 Cadmium 112.41	49 In 인듐 Indium 114.82	50 Sn 주석 Tin 118.71	51 Sb 안티모니 Antimony 121.76	52 Te 텔루륨 Tellurium 127.60	53 I 아이오딘 Iodine 126.90	54 Xe 제논 Xenon 131.29
6	55 Cs 세슘 Cesium 132.91	56 Ba 바륨 Barium 137.33	란타넘족	72 Hf 하프늄 Hafnium 178.49	73 Ta 탄탈럼 Tantalum 180.95	74 W 텅스텐 Tungsten 183.34	75 Re 레늄 Rhenium 186.21	76 Os 오스뮴 Osmium 190.23	77 Ir 이리듐 Iridium 192.22	78 Pt 백금 Platinum 195.08	79 Au 금 Gold 196.97	80 Hg 수은 Mercury 200.59	81 Tl 탈륨 Thallium 204.38	82 Pb 납 Lead 207.2	83 Bi 비스무트 Bismuth 208.98	84 Po 폴로늄 Polonium [209]	85 At 아스타틴 Astatine [211]	86 Rn 라돈 Radon [222]
7	87 Fr 프랑슘 Francium [223]	88 Ra 라듐 Radium [226]	악티늄족	104 Rf 러더퍼듐 Rutherfordium [261]	105 Db 더브늄 Dubnium [262]	106 Sg 시보귬 Seaborgium [266]	107 Bh 보륨 Bohrium [267]	108 Hs 하슘 Hassium [273]	109 Mt 마이트너륨 Meitnerium [268]	110 Ds 다름슈타튬 Darmstadtium [281]	111 Rg 뢴트게늄 Roentgenium [272]	112 Uub 우눈븀 Ununbium [285]	113 Uut 우눈트륨 Ununtrium [278]	114 Uuq 우눈쿼듐 Ununquadium [289]	115 Uup 우눈펜튬 Ununpentium [288]	116 Uuh 우눈헥슘 Ununhexium [292]	117 Uus 우눈셉튬 Ununseptium —	118 Uuo 우눈옥튬 Ununoctium [293]

란타넘족	57 La 란타넘 Lanthanum 138.91	58 Ce 세륨 Cerium 140.12	59 Pr 프라세오디뮴 Praseodymium 140.91	60 Nd 네오디뮴 Neodymium 144.24	61 Pm 프로메튬 Promethium [145]	62 Sm 사마륨 Samarium 150.36	63 Eu 유로퓸 Europium 151.96	64 Gd 가돌리늄 Gadolinium 157.25	65 Tb 터븀 Terbium 158.93	66 Dy 디스프로슘 Dysprosium 162.50	67 Ho 홀뮴 Holmium 164.93	68 Er 어븀 Erbium 167.26	69 Tm 툴륨 Thulium 168.93	70 Yb 이터븀 Ytterbium 173.04	71 Lu 루테튬 Lutetium 174.97
악티늄족	89 Ac 악티늄 Actinium [227]	90 Th 토륨 Thorium 232.04	91 Pa 프로트악티늄 Protactinium 231.04	92 U 우라늄 Uranium 238.03	93 Np 넵투늄 Neptnium [237]	94 Pu 플루토늄 Plutonium [244]	95 Am 아메리슘 Americium [243]	96 Cm 퀴륨 Curium [247]	97 Bk 버클륨 Berkelium [247]	98 Cf 캘리포늄 Californium [251]	99 Es 아인슈타이늄 Einsteinium [252]	100 Fm 페르뮴 Fermium [257]	101 Md 멘델레븀 Mendelevium [258]	102 No 노벨륨 Nobelium [259]	103 Lr 로렌슘 Lawrencium [262]

15회/70회

[IUPAC에 따름]

원자번호 — 1 H — 원자기호
원자명 — 수소 / Hydrogen
원자량 — 1.00

족 주기	1	2	3	4	5	6	7	8	9	10	11	12	13	14	15	16	17	18
1	1 H 수소 Hydrogen 1.00																	2 He 헬륨 Helium 4.00
2	3 Li 리튬 Lithum 6.94	4 Be 베릴륨 Beryllium 9.01											5 B 붕소 Boron 10.811	6 C 탄소 Carbon 12.01	7 N 질소 Nitrogen 14.00	8 O 산소 Oxygen 16.00	9 F 플루오린 Fluorine 19.00	10 Ne 네온 Neon 20.18
3	11 Na 나트륨 Sodium 22.99	12 Mg 마그네슘 Magnesium 24.31											13 Al 알루미늄 Aluminium 26.98	14 Si 규소 Silicon 28.09	15 P 인 Phosphorus 30.97	16 S 황 Sulfur 32.07	17 Cl 염소 Chlorine 35.45	18 Ar 아르곤 Argon 39.95
4	19 K 칼륨 Potassium 40.00	20 Ca 칼슘 Calcium 40.08	21 Sc 스칸듐 Scandium 44.96	22 Ti 타이타늄 Titanium 47.87	23 V 바나듐 Vanadium 50.94	24 Cr 크로뮴 Chromium 52.00	25 Mn 망가니즈 Manganese 54.94	26 Fe 철 Iron 55.85	27 Co 코발트 Cobalt 58.93	28 Ni 니켈 Nickel 58.69	29 Cu 구리 Copper 63.55	30 Zn 아연 Zinc 65.41	31 Ga 갈륨 Gallium 69.72	32 Ge 저마늄 Germanium 72.64	33 As 비소 Arsenic 74.92	34 Se 셀레늄 Selenium 78.96	35 Br 브로민 Bromine 79.90	36 Kr 크립톤 Krypton 83.80
5	37 Rb 루비듐 Rubidium 85.47	38 Sr 스트론튬 Strontium 87.62	39 Y 이트륨 Yttrium 88.91	40 Zr 지르코늄 Zirconium 91.23	41 Nb 나이오븀 Niobium 92.91	42 Mo 몰리브데넘 Molybdenum 95.94	43 Tc 테크네튬 Technetium [98]	44 Ru 루테늄 Ruthenium 101.07	45 Rh 로듐 Rhodium 102.91	46 Pd 팔라듐 Palladium 106.42	47 Ag 은 Silver 107.87	48 Cd 카드뮴 Cadmium 112.41	49 In 인듐 Indium 114.82	50 Sn 주석 Tin 118.71	51 Sb 안티모니 Antimony 121.76	52 Te 텔루륨 Tellurium 127.60	53 I 아이오딘 Iodine 126.90	54 Xe 제논 Xenon 131.29
6	55 Cs 세슘 Cesium 132.91	56 Ba 바륨 Barium 137.33	란타넘족	72 Hf 하프늄 Hafnium 178.49	73 Ta 탄탈럼 Tantalum 180.95	74 W 텅스텐 Tungsten 183.34	75 Re 레늄 Rhenium 186.21	76 Os 오스뮴 Osmium 190.23	77 Ir 이리듐 Iridium 192.22	78 Pt 백금 Platinum 195.08	79 Au 금 Gold 196.97	80 Hg 수은 Mercury 200.59	81 Tl 탈륨 Thallium 204.38	82 Pb 납 Lead 207.2	83 Bi 비스무트 Bismuth 208.98	84 Po 폴로늄 Polonium [209]	85 At 아스타틴 Astatine [211]	86 Rn 라돈 Radon [222]
7	87 Fr 프랑슘 Francium [223]	88 Ra 라듐 Radium [226]	악티늄족	104 Rf 러더퍼듐 Rutherfordium [261]	105 Db 더브늄 Dubnium [262]	106 Sg 시보귬 Seaborgium [266]	107 Bh 보륨 Bohrium [267]	108 Hs 하슘 Hassium [273]	109 Mt 마이트너륨 Meitnerium [268]	110 Ds 다름슈타튬 Darmstadtium [281]	111 Rg 뢴트게늄 Roentgenium [272]	112 Uub 우눈븀 Ununbium [285]	113 Uut 우눈트륨 Ununtrium [278]	114 Uuq 우눈쿼디움 Ununquadium [289]	115 Uup 우눈펜튬 Ununpentium [288]	116 Uuh 우눈헥슘 Ununhexium [292]	117 Uus 우눈셉튬 Ununseptium —	118 Uuo 우눈옥튬 Ununoctium [293]

란타넘족	57 La 란타넘 Lanthanum 138.91	58 Ce 세륨 Cerium 140.12	59 Pr 프라세오디뮴 Praseodymium 140.91	60 Nd 네오디뮴 Neodymium 144.24	61 Pm 프로메튬 Promethium [145]	62 Sm 사마륨 Samarium 150.36	63 Eu 유로퓸 Europium 151.96	64 Gd 가돌리늄 Gadolinium 157.25	65 Tb 터븀 Terbium 158.93	66 Dy 디스프로슘 Dysprosium 162.50	67 Ho 홀뮴 Holmium 164.93	68 Er 어븀 Erbium 167.26	69 Tm 툴륨 Thulium 168.93	70 Yb 이터븀 Ytterbium 173.04	71 Lu 루테튬 Lutetium 174.97
악티늄족	89 Ac 악티늄 Actinium [227]	90 Th 토륨 Thorium 232.04	91 Pa 프로트악티늄 Protactinium 231.04	92 U 우라늄 Uranium 238.03	93 Np 넵투늄 Neptnium [237]	94 Pu 플루토늄 Plutonium [244]	95 Am 아메리슘 Americium [243]	96 Cm 퀴륨 Curium [247]	97 Bk 버클륨 Berkelium [247]	98 Cf 캘리포늄 Californium [251]	99 Es 아인슈타이늄 Einsteinium [252]	100 Fm 페르뮴 Fermium [257]	101 Md 멘델레븀 Mendelevium [258]	102 No 노벨륨 Nobelium [259]	103 Lr 로렌슘 Lawrencium [262]

16회/70회

[IUPAC에 따름]

원자번호: 1, 원자기호: H, 원자명: 수소 Hydrogen, 원자량: 1.00

족 / 주기	1	2	3	4	5	6	7	8	9	10	11	12	13	14	15	16	17	18
1	$_{1}$H 수소 Hydrogen 1.00																	$_{2}$He 헬륨 Helium 4.00
2	$_{3}$Li 리튬 Lithum 6.94	$_{4}$Be 베릴륨 Beryllium 9.01											$_{5}$B 붕소 Boron 10.811	$_{6}$C 탄소 Carbon 12.01	$_{7}$N 질소 Nitrogen 14.00	$_{8}$O 산소 Oxygen 16.00	$_{9}$F 플루오린 Fluorine 19.00	$_{10}$Ne 네온 Neon 20.18
3	$_{11}$Na 나트륨 Sodium 22.99	$_{12}$Mg 마그네슘 Magnesium 24.31											$_{13}$Al 알루미늄 Aluminium 26.98	$_{14}$Si 규소 Silicon 28.09	$_{15}$P 인 Phosphorus 30.97	$_{16}$S 황 Sulfur 32.07	$_{17}$Cl 염소 Chlorine 35.45	$_{18}$Ar 아르곤 Argon 39.95
4	$_{19}$K 칼륨 Potassium 40.00	$_{20}$Ca 칼슘 Calcium 40.08	$_{21}$Sc 스칸듐 Scandium 44.96	$_{22}$Ti 타이타늄 Titanium 47.87	$_{23}$V 바나듐 Vanadium 50.94	$_{24}$Cr 크로뮴 Chromium 52.00	$_{25}$Mn 망가니즈 Manganese 54.94	$_{26}$Fe 철 Iron 55.85	$_{27}$Co 코발트 Cobalt 58.93	$_{28}$Ni 니켈 Nickel 58.69	$_{29}$Cu 구리 Copper 63.55	$_{30}$Zn 아연 Zinc 65.41	$_{31}$Ga 갈륨 Gallium 69.72	$_{32}$Ge 저마늄 Germanium 72.64	$_{33}$As 비소 Arsenic 74.92	$_{34}$Se 셀레늄 Selenium 78.96	$_{35}$Br 브로민 Bromine 79.90	$_{36}$Kr 크립톤 Krypton 83.80
5	$_{37}$Rb 루비듐 Rubidium 85.47	$_{38}$Sr 스트론튬 Strontium 87.62	$_{39}$Y 이트륨 Yttrium 88.91	$_{40}$Zr 지르코늄 Zirconium 91.23	$_{41}$Nb 나이오븀 Niobium 92.91	$_{42}$Mo 몰리브데넘 Molybdenum 95.94	$_{43}$Tc 테크네튬 Technetium [98]	$_{44}$Ru 루테늄 Ruthenium 101.07	$_{45}$Rh 로듐 Rhodium 102.91	$_{46}$Pd 팔라듐 Palladium 106.42	$_{47}$Ag 은 Silver 107.87	$_{48}$Cd 카드뮴 Cadmium 112.41	$_{49}$In 인듐 Indium 114.82	$_{50}$Sn 주석 Tin 118.71	$_{51}$Sb 안티모니 Antimony 121.76	$_{52}$Te 텔루륨 Tellurium 127.60	$_{53}$I 아이오딘 Iodine 126.90	$_{54}$Xe 제논 Xenon 131.29
6	$_{55}$Cs 세슘 Cesium 132.91	$_{56}$Ba 바륨 Barium 137.33	란타넘족	$_{72}$Hf 하프늄 Hafnium 178.49	$_{73}$Ta 탄탈럼 Tantalum 180.95	$_{74}$W 텅스텐 Tungsten 183.34	$_{75}$Re 레늄 Rhenium 186.21	$_{76}$Os 오스뮴 Osmium 190.23	$_{77}$Ir 이리듐 Iridium 192.22	$_{78}$Pt 백금 Platinum 195.08	$_{79}$Au 금 Gold 196.97	$_{80}$Hg 수은 Mercury 200.59	$_{81}$Tl 탈륨 Thallium 204.38	$_{82}$Pb 납 Lead 207.2	$_{83}$Bi 비스무트 Bismuth 208.98	$_{84}$Po 폴로늄 Polonium [209]	$_{85}$At 아스타틴 Astatine [211]	$_{86}$Rn 라돈 Radon [222]
7	$_{87}$Fr 프랑슘 Francium [223]	$_{88}$Ra 라듐 Radium [226]	악티늄족	$_{104}$Rf 러더퍼듐 Rutherfordium [261]	$_{105}$Db 더브늄 Dubnium [262]	$_{106}$Sg 시보귬 Seaborgium [266]	$_{107}$Bh 보륨 Bohrium [267]	$_{108}$Hs 하슘 Hassium [273]	$_{109}$Mt 마이트너륨 Meitnerium [268]	$_{110}$Ds 다름슈타튬 Darmstadtium [281]	$_{111}$Rg 뢴트게늄 Roentgenium [272]	$_{112}$Uub 우눈븀 Ununbium [285]	$_{113}$Uut 우눈트륨 Ununtrium [278]	$_{114}$Uuq 우눈쿼듐 Ununquadium [289]	$_{115}$Uup 우눈펜튬 Ununpentium [288]	$_{116}$Uuh 우눈헥슘 Ununhexium [292]	$_{117}$Uus 우눈셉튬 Ununseptium —	$_{118}$Uuo 우눈옥튬 Ununoctium [293]

란타넘족	$_{57}$La 란타넘 Lanthanum 138.91	$_{58}$Ce 세륨 Cerium 140.12	$_{59}$Pr 프라세오디뮴 Praseodymium 140.91	$_{60}$Nd 네오디뮴 Neodymium 144.24	$_{61}$Pm 프로메튬 Promethium [145]	$_{62}$Sm 사마륨 Samarium 150.36	$_{63}$Eu 유로퓸 Europium 151.96	$_{64}$Gd 가돌리늄 Gadolinium 157.25	$_{65}$Tb 터븀 Terbium 158.93	$_{66}$Dy 디스프로슘 Dysprosium 162.50	$_{67}$Ho 홀뮴 Holmium 164.93	$_{68}$Er 어븀 Erbium 167.26	$_{69}$Tm 툴륨 Thulium 168.93	$_{70}$Yb 이터븀 Ytterbium 173.04	$_{71}$Lu 루테튬 Lutetium 174.97
악티늄족	$_{89}$Ac 악티늄 Actinium [227]	$_{90}$Th 토륨 Thorium 232.04	$_{91}$Pa 프로트악티늄 Protactinium 231.04	$_{92}$U 우라늄 Uranium 238.03	$_{93}$Np 넵투늄 Neptnium [237]	$_{94}$Pu 플루토늄 Plutonium [244]	$_{95}$Am 아메리슘 Americium [243]	$_{96}$Cm 퀴륨 Curium [247]	$_{97}$Bk 버클륨 Berkelium [247]	$_{98}$Cf 캘리포늄 Californium [251]	$_{99}$Es 아인슈타이늄 Einsteinium [252]	$_{100}$Fm 페르뮴 Fermium [257]	$_{101}$Md 멘델레븀 Mendelevium [258]	$_{102}$No 노벨륨 Nobelium [259]	$_{103}$Lr 로렌슘 Lawrencium [262]

17회/70회

[IUPAC에 따름]

원자번호: 1 / 원자기호: H / 원자명: 수소, Hydrogen / 원자량: 1.00

족 주기	1	2	3	4	5	6	7	8	9	10	11	12	13	14	15	16	17	18
1	1 H 수소 Hydrogen 1.00																	2 He 헬륨 Helium 4.00
2	3 Li 리튬 Lithum 6.94	4 Be 베릴륨 Beryllium 9.01											5 B 붕소 Boron 10.811	6 C 탄소 Carbon 12.01	7 N 질소 Nitrogen 14.00	8 O 산소 Oxygen 16.00	9 F 플루오린 Fluorine 19.00	10 Ne 네온 Neon 20.18
3	11 Na 나트륨 Sodium 22.99	12 Mg 마그네슘 Magnesium 24.31											13 Al 알루미늄 Aluminium 26.98	14 Si 규소 Silicon 28.09	15 P 인 Phosphorus 30.97	16 S 황 Sulfur 32.07	17 Cl 염소 Chlorine 35.45	18 Ar 아르곤 Argon 39.95
4	19 K 칼륨 Potassium 40.00	20 Ca 칼슘 Calcium 40.08	21 Sc 스칸듐 Scandium 44.96	22 Ti 타이타늄 Titanium 47.87	23 V 바나듐 Vanadium 50.94	24 Cr 크로뮴 Chromium 52.00	25 Mn 망가니즈 Manganese 54.94	26 Fe 철 Iron 55.85	27 Co 코발트 Cobalt 58.93	28 Ni 니켈 Nickel 58.69	29 Cu 구리 Copper 63.55	30 Zn 아연 Zinc 65.41	31 Ga 갈륨 Gallium 69.72	32 Ge 저마늄 Germanium 72.64	33 As 비소 Arsenic 74.92	34 Se 셀레늄 Selenium 78.96	35 Br 브로민 Bromine 79.90	36 Kr 크립톤 Krypton 83.80
5	37 Rb 루비듐 Rubidium 85.47	38 Sr 스트론튬 Strontium 87.62	39 Y 이트륨 Yttrium 88.91	40 Zr 지르코늄 Zirconium 91.23	41 Nb 나이오븀 Niobium 92.91	42 Mo 몰리브데넘 Molybdenum 95.94	43 Tc 테크네튬 Technetium [98]	44 Ru 루테늄 Ruthenium 101.07	45 Rh 로듐 Rhodium 102.91	46 Pd 팔라듐 Palladium 106.42	47 Ag 은 Silver 107.87	48 Cd 카드뮴 Cadmium 112.41	49 In 인듐 Indium 114.82	50 Sn 주석 Tin 118.71	51 Sb 안티모니 Antimony 121.76	52 Te 텔루륨 Tellurium 127.60	53 I 아이오딘 Iodine 126.90	54 Xe 제논 Xenon 131.29
6	55 Cs 세슘 Cesium 132.91	56 Ba 바륨 Barium 137.33	란타넘족	72 Hf 하프늄 Hafnium 178.49	73 Ta 탄탈럼 Tantalum 180.95	74 W 텅스텐 Tungsten 183.34	75 Re 레늄 Rhenium 186.21	76 Os 오스뮴 Osmium 190.23	77 Ir 이리듐 Iridium 192.22	78 Pt 백금 Platinum 195.08	79 Au 금 Gold 196.97	80 Hg 수은 Mercury 200.59	81 Tl 탈륨 Thallium 204.38	82 Pb 납 Lead 207.2	83 Bi 비스무트 Bismuth 208.98	84 Po 폴로늄 Polonium [209]	85 At 아스타틴 Astatine [211]	86 Rn 라돈 Radon [222]
7	87 Fr 프랑슘 Francium [223]	88 Ra 라듐 Radium [226]	악티늄족	104 Rf 러더퍼듐 Rutherfordium [261]	105 Db 더브늄 Dubnium [262]	106 Sg 시보귬 Seaborgium [266]	107 Bh 보륨 Bohrium [267]	108 Hs 하슘 Hassium [273]	109 Mt 마이트너륨 Meitnerium [268]	110 Ds 다름슈타튬 Darmstadtium [281]	111 Rg 뢴트게늄 Roentgenium [272]	112 Uub 우눈븀 Ununbium [285]	113 Uut 우눈트륨 Ununtrium [278]	114 Uuq 우눈쿼듐 Ununquadium [289]	115 Uup 우눈펜튬 Ununpentium [288]	116 Uuh 우눈헥슘 Ununhexium [292]	117 Uus 우눈셉튬 Ununseptium —	118 Uuo 우눈옥튬 Ununoctium [293]

란타넘족	57 La 란타넘 Lanthanum 138.91	58 Ce 세륨 Cerium 140.12	59 Pr 프라세오디뮴 Praseodymium 140.91	60 Nd 네오디뮴 Neodymium 144.24	61 Pm 프로메튬 Promethium [145]	62 Sm 사마륨 Samarium 150.36	63 Eu 유로퓸 Europium 151.96	64 Gd 가돌리늄 Gadolinium 157.25	65 Tb 터븀 Terbium 158.93	66 Dy 디스프로슘 Dysprosium 162.50	67 Ho 홀뮴 Holmium 164.93	68 Er 어븀 Erbium 167.26	69 Tm 툴륨 Thulium 168.93	70 Yb 이터븀 Ytterbium 173.04	71 Lu 루테튬 Lutetium 174.97
악티늄족	89 Ac 악티늄 Actinium [227]	90 Th 토륨 Thorium 232.04	91 Pa 프로트악티늄 Protactinium 231.04	92 U 우라늄 Uranium 238.03	93 Np 넵투늄 Neptnium [237]	94 Pu 플루토늄 Plutonium [244]	95 Am 아메리슘 Americium [243]	96 Cm 퀴륨 Curium [247]	97 Bk 버클륨 Berkelium [247]	98 Cf 캘리포늄 Californium [251]	99 Es 아인슈타이늄 Einsteinium [252]	100 Fm 페르뮴 Fermium [257]	101 Md 멘델레븀 Mendelevium [258]	102 No 노벨륨 Nobelium [259]	103 Lr 로렌슘 Lawrencium [262]

18회/70회

[IUPAC에 따름]

원자번호: 1 / 원자기호: H / 원자명: 수소 Hydrogen / 원자량: 1.00

족 주기	1	2	3	4	5	6	7	8	9	10	11	12	13	14	15	16	17	18
1	1 H 수소 Hydrogen 1.00																	2 He 헬륨 Helium 4.00
2	3 Li 리튬 Lithum 6.94	4 Be 베릴륨 Beryllium 9.01											5 B 붕소 Boron 10.811	6 C 탄소 Carbon 12.01	7 N 질소 Nitrogen 14.00	8 O 산소 Oxygen 16.00	9 F 플루오린 Fluorine 19.00	10 Ne 네온 Neon 20.18
3	11 Na 나트륨 Sodium 22.99	12 Mg 마그네슘 Magnesium 24.31											13 Al 알루미늄 Aluminium 26.98	14 Si 규소 Silicon 28.09	15 P 인 Phosphorus 30.97	16 S 황 Sulfur 32.07	17 Cl 염소 Chlorine 35.45	18 Ar 아르곤 Argon 39.95
4	19 K 칼륨 Potassium 40.00	20 Ca 칼슘 Calcium 40.08	21 Sc 스칸듐 Scandium 44.96	22 Ti 타이타늄 Titanium 47.87	23 V 바나듐 Vanadium 50.94	24 Cr 크로뮴 Chromium 52.00	25 Mn 망가니즈 Manganese 54.94	26 Fe 철 Iron 55.85	27 Co 코발트 Cobalt 58.93	28 Ni 니켈 Nickel 58.69	29 Cu 구리 Copper 63.55	30 Zn 아연 Zinc 65.41	31 Ga 갈륨 Gallium 69.72	32 Ge 저마늄 Germanium 72.64	33 As 비소 Arsenic 74.92	34 Se 셀레늄 Selenium 78.96	35 Br 브로민 Bromine 79.90	36 Kr 크립톤 Krypton 83.80
5	37 Rb 루비듐 Rubidium 85.47	38 Sr 스트론튬 Strontium 87.62	39 Y 이트륨 Yttrium 88.91	40 Zr 지르코늄 Zirconium 91.23	41 Nb 나이오븀 Niobium 92.91	42 Mo 몰리브데넘 Molybdenum 95.94	43 Tc 테크네튬 Technetium [98]	44 Ru 루테늄 Ruthenium 101.07	45 Rh 로듐 Rhodium 102.91	46 Pd 팔라듐 Palladium 106.42	47 Ag 은 Silver 107.87	48 Cd 카드뮴 Cadmium 112.41	49 In 인듐 Indium 114.82	50 Sn 주석 Tin 118.71	51 Sb 안티모니 Antimony 121.76	52 Te 텔루륨 Tellurium 127.60	53 I 아이오딘 Iodine 126.90	54 Xe 제논 Xenon 131.29
6	55 Cs 세슘 Cesium 132.91	56 Ba 바륨 Barium 137.33	란타넘족	72 Hf 하프늄 Hafnium 178.49	73 Ta 탄탈럼 Tantalum 180.95	74 W 텅스텐 Tungsten 183.34	75 Re 레늄 Rhenium 186.21	76 Os 오스뮴 Osmium 190.23	77 Ir 이리듐 Iridium 192.22	78 Pt 백금 Platinum 195.08	79 Au 금 Gold 196.97	80 Hg 수은 Mercury 200.59	81 Tl 탈륨 Thallium 204.38	82 Pb 납 Lead 207.2	83 Bi 비스무트 Bismuth 208.98	84 Po 폴로늄 Polonium [209]	85 At 아스타틴 Astatine [211]	86 Rn 라돈 Radon [222]
7	87 Fr 프랑슘 Francium [223]	88 Ra 라듐 Radium [226]	악티늄족	104 Rf 러더퍼듐 Rutherfordium [261]	105 Db 더브늄 Dubnium [262]	106 Sg 시보귬 Seaborgium [266]	107 Bh 보륨 Bohrium [267]	108 Hs 하슘 Hassium [273]	109 Mt 마이트너륨 Meitnerium [268]	110 Ds 다름슈타튬 Darmstadtium [281]	111 Rg 뢴트게늄 Roentgenium [272]	112 Uub 우눈븀 Ununbium [285]	113 Uut 우눈트륨 Ununtrium [278]	114 Uuq 우눈쿠아듐 Ununquadium [289]	115 Uup 우눈펜튬 Ununpentium [288]	116 Uuh 우눈헥슘 Ununhexium [292]	117 Uus 우눈셉튬 Ununseptium —	118 Uuo 우눈옥튬 Ununoctium [293]

란타넘족	57 La 란타넘 Lanthanum 138.91	58 Ce 세륨 Cerium 140.12	59 Pr 프라세오디뮴 Praseodymium 140.91	60 Nd 네오디뮴 Neodymium 144.24	61 Pm 프로메튬 Promethium [145]	62 Sm 사마륨 Samarium 150.36	63 Eu 유로퓸 Europium 151.96	64 Gd 가돌리늄 Gadolinium 157.25	65 Tb 터븀 Terbium 158.93	66 Dy 디스프로슘 Dysprosium 162.50	67 Ho 홀뮴 Holmium 164.93	68 Er 어븀 Erbium 167.26	69 Tm 툴륨 Thulium 168.93	70 Yb 이터븀 Ytterbium 173.04	71 Lu 루테튬 Lutetium 174.97
악티늄족	89 Ac 악티늄 Actinium [227]	90 Th 토륨 Thorium 232.04	91 Pa 프로트악티늄 Protactinium 231.04	92 U 우라늄 Uranium 238.03	93 Np 넵투늄 Neptnium [237]	94 Pu 플루토늄 Plutonium [244]	95 Am 아메리슘 Americium [243]	96 Cm 퀴륨 Curium [247]	97 Bk 버클륨 Berkelium [247]	98 Cf 캘리포늄 Californium [251]	99 Es 아인슈타이늄 Einsteinium [252]	100 Fm 페르뮴 Fermium [257]	101 Md 멘델레븀 Mendelevium [258]	102 No 노벨륨 Nobelium [259]	103 Lr 로렌슘 Lawrencium [262]

19회/70회

[IUPAC에 따름]

원자번호 1 · 원자기호 H · 원자명 수소 Hydrogen · 원자량 1.00

족 / 주기	1	2	3	4	5	6	7	8	9	10	11	12	13	14	15	16	17	18
1	1 H 수소 Hydrogen 1.00																	2 He 헬륨 Helium 4.00
2	3 Li 리튬 Lithium 6.94	4 Be 베릴륨 Beryllium 9.01											5 B 붕소 Boron 10.811	6 C 탄소 Carbon 12.01	7 N 질소 Nitrogen 14.00	8 O 산소 Oxygen 16.00	9 F 플루오린 Fluorine 19.00	10 Ne 네온 Neon 20.18
3	11 Na 나트륨 Sodium 22.99	12 Mg 마그네슘 Magnesium 24.31											13 Al 알루미늄 Aluminium 26.98	14 Si 규소 Silicon 28.09	15 P 인 Phosphorus 30.97	16 S 황 Sulfur 32.07	17 Cl 염소 Chlorine 35.45	18 Ar 아르곤 Argon 39.95
4	19 K 칼륨 Potassium 40.00	20 Ca 칼슘 Calcium 40.08	21 Sc 스칸듐 Scandium 44.96	22 Ti 타이타늄 Titanium 47.87	23 V 바나듐 Vanadium 50.94	24 Cr 크로뮴 Chromium 52.00	25 Mn 망가니즈 Manganese 54.94	26 Fe 철 Iron 55.85	27 Co 코발트 Cobalt 58.93	28 Ni 니켈 Nickel 58.69	29 Cu 구리 Copper 63.55	30 Zn 아연 Zinc 65.41	31 Ga 갈륨 Gallium 69.72	32 Ge 저마늄 Germanium 72.64	33 As 비소 Arsenic 74.92	34 Se 셀레늄 Selenium 78.96	35 Br 브로민 Bromine 79.90	36 Kr 크립톤 Krypton 83.80
5	37 Rb 루비듐 Rubidium 85.47	38 Sr 스트론튬 Strontium 87.62	39 Y 이트륨 Yttrium 88.91	40 Zr 지르코늄 Zirconium 91.23	41 Nb 나이오븀 Niobium 92.91	42 Mo 몰리브데넘 Molybdenum 95.94	43 Tc 테크네튬 Technetium [98]	44 Ru 루테늄 Ruthenium 101.07	45 Rh 로듐 Rhodium 102.91	46 Pd 팔라듐 Palladium 106.42	47 Ag 은 Silver 107.87	48 Cd 카드뮴 Cadmium 112.41	49 In 인듐 Indium 114.82	50 Sn 주석 Tin 118.71	51 Sb 안티모니 Antimony 121.76	52 Te 텔루륨 Tellurium 127.60	53 I 아이오딘 Iodine 126.90	54 Xe 제논 Xenon 131.29
6	55 Cs 세슘 Cesium 132.91	56 Ba 바륨 Barium 137.33	란타넘족	72 Hf 하프늄 Hafnium 178.49	73 Ta 탄탈럼 Tantalum 180.95	74 W 텅스텐 Tungsten 183.34	75 Re 레늄 Rhenium 186.21	76 Os 오스뮴 Osmium 190.23	77 Ir 이리듐 Iridium 192.22	78 Pt 백금 Platinum 195.08	79 Au 금 Gold 196.97	80 Hg 수은 Mercury 200.59	81 Tl 탈륨 Thallium 204.38	82 Pb 납 Lead 207.2	83 Bi 비스무트 Bismuth 208.98	84 Po 폴로늄 Polonium [209]	85 At 아스타틴 Astatine [211]	86 Rn 라돈 Radon [222]
7	87 Fr 프랑슘 Francium [223]	88 Ra 라듐 Radium [226]	악티늄족	104 Rf 러더퍼듐 Rutherfordium [261]	105 Db 더브늄 Dubnium [262]	106 Sg 시보귬 Seaborgium [266]	107 Bh 보륨 Bohrium [267]	108 Hs 하슘 Hassium [273]	109 Mt 마이트너륨 Meitnerium [268]	110 Ds 다름슈타튬 Darmstadtium [281]	111 Rg 뢴트게늄 Roentgenium [272]	112 Uub 우눈븀 Ununbium [285]	113 Uut 우눈트륨 Ununtrium [278]	114 Uuq 우눈쿼듐 Ununquadium [289]	115 Uup 우눈펜튬 Ununpentium [288]	116 Uuh 우눈헥슘 Ununhexium [292]	117 Uus 우눈셉튬 Ununseptium —	118 Uuo 우눈옥튬 Ununoctium [293]

란타넘족	57 La 란타넘 Lanthanum 138.91	58 Ce 세륨 Cerium 140.12	59 Pr 프라세오디뮴 Praseodymium 140.91	60 Nd 네오디뮴 Neodymium 144.24	61 Pm 프로메튬 Promethium [145]	62 Sm 사마륨 Samarium 150.36	63 Eu 유로퓸 Europium 151.96	64 Gd 가돌리늄 Gadolinium 157.25	65 Tb 터븀 Terbium 158.93	66 Dy 디스프로슘 Dysprosium 162.50	67 Ho 홀뮴 Holmium 164.93	68 Er 어븀 Erbium 167.26	69 Tm 툴륨 Thulium 168.93	70 Yb 이터븀 Ytterbium 173.04	71 Lu 루테튬 Lutetium 174.97
악티늄족	89 Ac 악티늄 Actinium [227]	90 Th 토륨 Thorium 232.04	91 Pa 프로트악티늄 Protactinium 231.04	92 U 우라늄 Uranium 238.03	93 Np 넵투늄 Neptunium [237]	94 Pu 플루토늄 Plutonium [244]	95 Am 아메리슘 Americium [243]	96 Cm 퀴륨 Curium [247]	97 Bk 버클륨 Berkelium [247]	98 Cf 캘리포늄 Californium [251]	99 Es 아인슈타이늄 Einsteinium [252]	100 Fm 페르뮴 Fermium [257]	101 Md 멘델레븀 Mendelevium [258]	102 No 노벨륨 Nobelium [259]	103 Lr 로렌슘 Lawrencium [262]

20회/70회

[IUPAC에 따름]

원자번호 — 1 H — 원자기호
원자명 — 수소 / Hydrogen
원자량 — 1.00

주기 \ 족	1	2	3	4	5	6	7	8	9	10	11	12	13	14	15	16	17	18
1	1 H 수소 Hydrogen 1.00																	2 He 헬륨 Helium 4.00
2	3 Li 리튬 Lithum 6.94	4 Be 베릴륨 Beryllium 9.01											5 B 붕소 Boron 10.811	6 C 탄소 Carbon 12.01	7 N 질소 Nitrogen 14.00	8 O 산소 Oxygen 16.00	9 F 플루오린 Fluorine 19.00	10 Ne 네온 Neon 20.18
3	11 Na 나트륨 Sodium 22.99	12 Mg 마그네슘 Magnesium 24.31											13 Al 알루미늄 Aluminium 26.98	14 Si 규소 Silicon 28.09	15 P 인 Phosphorus 30.97	16 S 황 Sulfur 32.07	17 Cl 염소 Chlorine 35.45	18 Ar 아르곤 Argon 39.95
4	19 K 칼륨 Potassium 40.00	20 Ca 칼슘 Calcium 40.08	21 Sc 스칸듐 Scandium 44.96	22 Ti 타이타늄 Titanium 47.87	23 V 바나듐 Vanadium 50.94	24 Cr 크로뮴 Chromium 52.00	25 Mn 망가니즈 Manganese 54.94	26 Fe 철 Iron 55.85	27 Co 코발트 Cobalt 58.93	28 Ni 니켈 Nickel 58.69	29 Cu 구리 Copper 63.55	30 Zn 아연 Zinc 65.41	31 Ga 갈륨 Gallium 69.72	32 Ge 저마늄 Germanium 72.64	33 As 비소 Arsenic 74.92	34 Se 셀레늄 Selenium 78.96	35 Br 브로민 Bromine 79.90	36 Kr 크립톤 Krypton 83.80
5	37 Rb 루비듐 Rubidium 85.47	38 Sr 스트론튬 Strontium 87.62	39 Y 이트륨 Yttrium 88.91	40 Zr 지르코늄 Zirconium 91.23	41 Nb 나이오븀 Niobium 92.91	42 Mo 몰리브데넘 Molybdenum 95.94	43 Tc 테크네튬 Technetium [98]	44 Ru 루테늄 Ruthenium 101.07	45 Rh 로듐 Rhodium 102.91	46 Pd 팔라듐 Palladium 106.42	47 Ag 은 Silver 107.87	48 Cd 카드뮴 Cadmium 112.41	49 In 인듐 Indium 114.82	50 Sn 주석 Tin 118.71	51 Sb 안티모니 Antimony 121.76	52 Te 텔루륨 Tellurium 127.60	53 I 아이오딘 Iodine 126.90	54 Xe 제논 Xenon 131.29
6	55 Cs 세슘 Cesium 132.91	56 Ba 바륨 Barium 137.33	란타넘족	72 Hf 하프늄 Hafnium 178.49	73 Ta 탄탈럼 Tantalum 180.95	74 W 텅스텐 Tungsten 183.34	75 Re 레늄 Rhenium 186.21	76 Os 오스뮴 Osmium 190.23	77 Ir 이리듐 Iridium 192.22	78 Pt 백금 Platinum 195.08	79 Au 금 Gold 196.97	80 Hg 수은 Mercury 200.59	81 Tl 탈륨 Thallium 204.38	82 Pb 납 Lead 207.2	83 Bi 비스무트 Bismuth 208.98	84 Po 폴로늄 Polonium [209]	85 At 아스타틴 Astatine [211]	86 Rn 라돈 Radon [222]
7	87 Fr 프랑슘 Francium [223]	88 Ra 라듐 Radium [226]	악티늄족	104 Rf 러더퍼듐 Rutherfordium [261]	105 Db 더브늄 Dubnium [262]	106 Sg 시보귬 Seaborgium [266]	107 Bh 보륨 Bohrium [267]	108 Hs 하슘 Hassium [273]	109 Mt 마이트너륨 Meitnerium [268]	110 Ds 다름슈타튬 Darmstadtium [281]	111 Rg 뢴트게늄 Roentgenium [272]	112 Uub 우눈븀 Ununbium [285]	113 Uut 우눈트륨 Ununtrium [278]	114 Uuq 우눈쿠아듐 Ununquadium [289]	115 Uup 우눈펜튬 Ununpentium [288]	116 Uuh 우눈헥슘 Ununhexium [292]	117 Uus 우눈셉튬 Ununseptium —	118 Uuo 우눈옥튬 Ununoctium [293]

란타넘족	57 La 란타넘 Lanthanum 138.91	58 Ce 세륨 Cerium 140.12	59 Pr 프라세오디뮴 Praseodymium 140.91	60 Nd 네오디뮴 Neodymium 144.24	61 Pm 프로메튬 Promethium [145]	62 Sm 사마륨 Samarium 150.36	63 Eu 유로퓸 Europium 151.96	64 Gd 가돌리늄 Gadolinium 157.25	65 Tb 터븀 Terbium 158.93	66 Dy 디스프로슘 Dysprosium 162.50	67 Ho 홀뮴 Holmium 164.93	68 Er 어븀 Erbium 167.26	69 Tm 툴륨 Thulium 168.93	70 Yb 이터븀 Ytterbium 173.04	71 Lu 루테튬 Lutetium 174.97
악티늄족	89 Ac 악티늄 Actinium [227]	90 Th 토륨 Thorium 232.04	91 Pa 프로트악티늄 Protactinium 231.04	92 U 우라늄 Uranium 238.03	93 Np 넵투늄 Neptnium [237]	94 Pu 플루토늄 Plutonium [244]	95 Am 아메리슘 Americium [243]	96 Cm 퀴륨 Curium [247]	97 Bk 버클륨 Berkelium [247]	98 Cf 캘리포늄 Californium [251]	99 Es 아인슈타이늄 Einsteinium [252]	100 Fm 페르뮴 Fermium [257]	101 Md 멘델레븀 Mendelevium [258]	102 No 노벨륨 Nobelium [259]	103 Lr 로렌슘 Lawrencium [262]

21회/70회

[IUPAC에 따름]

원자번호 — $_{1}$**H** — 원자기호

원자명 — **수소** / **Hydrogen**

원자량 — **1.00**

족 / 주기	1	2	3	4	5	6	7	8	9	10	11	12	13	14	15	16	17	18
1																		
2																		
3																		
4																		
5																		
6			란타넘족															
7			악티늄족															

란타넘족																
악티늄족																

22회/70회

[IUPAC에 따름]

족 / 주기	1	2	3	4	5	6	7	8	9	10	11	12	13	14	15	16	17	18
1																		
2																		
3																		
4																		
5																		
6			란타넘족															
7			악티늄족															

원자번호: 1

원자기호: H

원자명: 수소 Hydrogen

원자량: 1.00

란타넘족															
악티늄족															

23회/70회

[IUPAC에 따름]

원자번호: 1 · 원자기호: H · 원자명: 수소 / Hydrogen · 원자량: 1.00

족 / 주기	1	2	3	4	5	6	7	8	9	10	11	12	13	14	15	16	17	18
1																		
2																		
3																		
4																		
5																		
6			란타넘족															
7			악티늄족															

란타넘족															
악티늄족															

24회/70회

[IUPAC에 따름]

원자번호 — $_{1}$H — 원자기호

원자명 — 수소 / Hydrogen

원자량 — 1.00

족 / 주기	1	2	3	4	5	6	7	8	9	10	11	12	13	14	15	16	17	18
1																		
2																		
3																		
4																		
5																		
6			란타넘족															
7			악티늄족															

란타넘족															
악티늄족															

25회/70회

[IUPAC에 따름]

원자번호: 1
원자기호: H
원자명: 수소 Hydrogen
원자량: 1.00

족 / 주기	1	2	3	4	5	6	7	8	9	10	11	12	13	14	15	16	17	18
1																		
2																		
3																		
4																		
5																		
6			란타넘족															
7			악티늄족															

란타넘족															
악티늄족															

26회/70회

[IUPAC에 따름]

원자번호 — $_{1}$H — 원자기호

원자명 — 수소 / Hydrogen

원자량 — 1.00

족 / 주기	1	2	3	4	5	6	7	8	9	10	11	12	13	14	15	16	17	18
1																		
2																		
3																		
4																		
5																		
6			란타넘족															
7			악티늄족															

란타넘족															
악티늄족															

27회/70회

[IUPAC에 따름]

원자번호 — $_{1}$H — 원자기호

원자명 — 수소 / Hydrogen

원자량 — 1.00

족 \ 주기	1	2	3	4	5	6	7	8	9	10	11	12	13	14	15	16	17	18
1																		
2																		
3																		
4																		
5																		
6			란타넘족															
7			악티늄족															

란타넘족															
악티늄족															

28회/70회

[IUPAC에 따름]

족 / 주기	1	2	3	4	5	6	7	8	9	10	11	12	13	14	15	16	17	18
1																		
2																		
3																		
4																		
5																		
6			란타넘족															
7			악티늄족															

원자번호: 1
원자기호: H
원자명: 수소 Hydrogen
원자량: 1.00

란타넘족														
악티늄족														

29회/70회

[IUPAC에 따름]

원자번호: 1
원자기호: H
원자명: 수소 / Hydrogen
원자량: 1.00

족 / 주기	1	2	3	4	5	6	7	8	9	10	11	12	13	14	15	16	17	18
1																		
2																		
3																		
4																		
5																		
6			란타넘족															
7			악티늄족															

란타넘족															
악티늄족															

30회/70회

[IUPAC에 따름]

원자번호: 1
원자기호: H
원자명: 수소 / Hydrogen
원자량: 1.00

족 주기	1	2	3	4	5	6	7	8	9	10	11	12	13	14	15	16	17	18
1																		
2																		
3																		
4																		
5																		
6			란타넘족															
7			악티늄족															

란타넘족															
악티늄족															

31회/70회

[IUPAC에 따름]

원자번호 — $_{1}$H — 원자기호

원자명 — 수소 / Hydrogen

원자량 — 1.00

족 / 주기	1	2	3	4	5	6	7	8	9	10	11	12	13	14	15	16	17	18
1																		
2																		
3																		
4																		
5																		
6			란타넘족															
7			악티늄족															

란타넘족															
악티늄족															

32회/70회

[IUPAC에 따름]

원자번호 — $_{1}$H — 원자기호

원자명 — 수소 / Hydrogen

원자량 — 1.00

족 / 주기	1	2	3	4	5	6	7	8	9	10	11	12	13	14	15	16	17	18
1																		
2																		
3																		
4																		
5																		
6			란타넘족															
7			악티늄족															

란타넘족															
악티늄족															

33회/70회

[IUPAC에 따름]

원자번호

$_{1}H$ ---- 원자기호

원자명 ---- 수소 / Hydrogen

원자량 ---- 1.00

족 / 주기	1	2	3	4	5	6	7	8	9	10	11	12	13	14	15	16	17	18
1																		
2																		
3																		
4																		
5																		
6			란타넘족															
7			악티늄족															

란타넘족															
악티늄족															

34회/70회

[IUPAC에 따름]

원자번호 — $_1$H — 원자기호

원자명 — 수소 / Hydrogen

원자량 — 1.00

족 / 주기	1	2	3	4	5	6	7	8	9	10	11	12	13	14	15	16	17	18
1																		
2																		
3																		
4																		
5																		
6			란타넘족															
7			악티늄족															

란타넘족															
악티늄족															

35회/70회

[IUPAC에 따름]

원자번호 — $_{1}$**H** — 원자기호

원자명 — **수소** / **Hydrogen**

원자량 — **1.00**

족 / 주기	1	2	3	4	5	6	7	8	9	10	11	12	13	14	15	16	17	18
1																		
2																		
3																		
4																		
5																		
6			란타넘족															
7			악티늄족															

란타넘족															
악티늄족															

36회/70회

[IUPAC에 따름]

원자번호
$_{1}H$ 원자기호
원자명 수소 Hydrogen
원자량 1.00

족 / 주기	1	2	3	4	5	6	7	8	9	10	11	12	13	14	15	16	17	18
1																		
2																		
3																		
4																		
5																		
6			란타넘족															
7			악티늄족															

란타넘족															
악티늄족															

37회/70회

[IUPAC에 따름]

원자번호 — $_{1}H$ — 원자기호

원자명 — 수소 Hydrogen

원자량 — 1.00

족 / 주기	1	2	3	4	5	6	7	8	9	10	11	12	13	14	15	16	17	18
1																		
2																		
3																		
4																		
5																		
6			란타넘족															
7			악티늄족															

란타넘족															
악티늄족															

38회/70회

[IUPAC에 따름]

원자번호 — $_{1}$H — 원자기호

원자명 — 수소 / Hydrogen

원자량 — 1.00

족 / 주기	1	2	3	4	5	6	7	8	9	10	11	12	13	14	15	16	17	18
1																		
2																		
3																		
4																		
5																		
6			란타넘족															
7			악티늄족															

란타넘족															
악티늄족															

39회/70회

[IUPAC에 따름]

원자번호 — $_1$H — 원자기호

원자명 — 수소 / Hydrogen

원자량 — 1.00

족 / 주기	1	2	3	4	5	6	7	8	9	10	11	12	13	14	15	16	17	18
1																		
2																		
3																		
4																		
5																		
6			란타넘족															
7			악티늄족															

란타넘족															
악티늄족															

40회/70회

[IUPAC에 따름]

원자번호: 1
원자기호: H
원자명: 수소 / Hydrogen
원자량: 1.00

족 / 주기	1	2	3	4	5	6	7	8	9	10	11	12	13	14	15	16	17	18
1																		
2																		
3																		
4																		
5																		
6			란타넘족															
7			악티늄족															

란타넘족															
악티늄족															

41회/70회

[IUPAC에 따름]

원자번호 — $_{1}H$ — 원자기호

원자명 — 수소 / Hydrogen

원자량 — 1.00

족 주기	1	2	3	4	5	6	7	8	9	10	11	12	13	14	15	16	17	18
1																		
2																		
3																		
4																		
5																		
6			란타넘족															
7			악티늄족															

란타넘족															
악티늄족															

42회/70회

[IUPAC에 따름]

원자번호: 1
원자기호: H
원자명: 수소 / Hydrogen
원자량: 1.00

족 / 주기	1	2	3	4	5	6	7	8	9	10	11	12	13	14	15	16	17	18
1																		
2																		
3																		
4																		
5																		
6			란타넘족															
7			악티늄족															

란타넘족															
악티늄족															

43회/70회

[IUPAC에 따름]

원자번호
$_1H$ 원자기호
원자명 수소 / Hydrogen
원자량 1.00

족 / 주기	1	2	3	4	5	6	7	8	9	10	11	12	13	14	15	16	17	18
1																		
2																		
3																		
4																		
5																		
6			란타넘족															
7			악티늄족															

란타넘족														
악티늄족														

44회/70회

[IUPAC에 따름]

원자번호 — $_{1}$H — 원자기호

원자명 — 수소 / Hydrogen

원자량 — 1.00

족 / 주기	1	2	3	4	5	6	7	8	9	10	11	12	13	14	15	16	17	18
1																		
2																		
3																		
4																		
5																		
6			란타넘족															
7			악티늄족															

란타넘족															
악티늄족															

45회/70회

[IUPAC에 따름]

원자번호 — $_1H$ — 원자기호

원자명 — 수소 / Hydrogen

원자량 — 1.00

족 / 주기	1	2	3	4	5	6	7	8	9	10	11	12	13	14	15	16	17	18
1																		
2																		
3																		
4																		
5																		
6			란타넘족															
7			악티늄족															

란타넘족															
악티늄족															

46회/70회

[IUPAC에 따름]

족 주기	1	2	3	4	5	6	7	8	9	10	11	12	13	14	15	16	17	18
1																		
2																		
3																		
4																		
5																		
6			란타넘족															
7			악티늄족															

원자번호: 1
원자기호: H
원자명: 수소 Hydrogen
원자량: 1.00

란타넘족															
악티늄족															

47회/70회

[IUPAC에 따름]

원자번호 — $_1$H — 원자기호

원자명 — 수소 / Hydrogen

원자량 — 1.00

족 / 주기	1	2	3	4	5	6	7	8	9	10	11	12	13	14	15	16	17	18
1																		
2																		
3																		
4																		
5																		
6			란타 넘족															
7			악티 늄족							

란타넘족															
악티늄족															

48회/70회

[IUPAC에 따름]

원자번호 — $_1$H — 원자기호

원자명 — 수소 / Hydrogen

원자량 — 1.00

족 주기	1	2	3	4	5	6	7	8	9	10	11	12	13	14	15	16	17	18
1																		
2																		
3																		
4																		
5																		
6			란타넘족															
7			악티늄족															

란타넘족															
악티늄족															

49회/70회

[IUPAC에 따름]

원자번호 — $_1$H — 원자기호
원자명 — 수소 / Hydrogen
원자량 — 1.00

족 / 주기	1	2	3	4	5	6	7	8	9	10	11	12	13	14	15	16	17	18
1																		
2																		
3																		
4																		
5																		
6			란타넘족															
7			악티늄족															

란타넘족															
악티늄족															

50회/70회

[IUPAC에 따름]

원자번호 — $_{1}$H — 원자기호

원자명 — 수소 / Hydrogen

원자량 — 1.00

족 / 주기	1	2	3	4	5	6	7	8	9	10	11	12	13	14	15	16	17	18
1																		
2																		
3																		
4																		
5																		
6			란타넘족															
7			악티늄족															

란타넘족															
악티늄족															

51회/70회

[IUPAC에 따름]

원자번호 — $_1$H — 원자기호

원자명 — 수소 / Hydrogen

원자량 — 1.00

족 / 주기	1	2	3	4	5	6	7	8	9	10	11	12	13	14	15	16	17	18
1																		
2																		
3																		
4																		
5																		
6			란타넘족															
7			악티늄족															

란타넘족															
악티늄족															

52회/70회

[IUPAC에 따름]

원자번호 — $_{1}$H — 원자기호

원자명 — 수소 / Hydrogen

원자량 — 1.00

족 주기	1	2	3	4	5	6	7	8	9	10	11	12	13	14	15	16	17	18
1																		
2																		
3																		
4																		
5																		
6			란타넘족															
7			악티늄족															

란타넘족															
악티늄족															

53회/70회

[IUPAC에 따름]

원자번호 — $_{1}$H — 원자기호

원자명 — 수소 / Hydrogen

원자량 — 1.00

족 / 주기	1	2	3	4	5	6	7	8	9	10	11	12	13	14	15	16	17	18
1																		
2																		
3																		
4																		
5																		
6			란타넘족															
7			악티늄족															

란타넘족															
악티늄족															

54회/70회

[IUPAC에 따름]

원자번호 — $_{1}H$ — 원자기호

원자명 — 수소 / Hydrogen

원자량 — 1.00

족 / 주기	1	2	3	4	5	6	7	8	9	10	11	12	13	14	15	16	17	18
1																		
2																		
3																		
4																		
5																		
6			란타넘족															
7			악티늄족															

란타넘족															
악티늄족															

55회/70회

[IUPAC에 따름]

원자번호 — $_1$H — 원자기호

원자명 — 수소 / Hydrogen

원자량 — 1.00

족 / 주기	1	2	3	4	5	6	7	8	9	10	11	12	13	14	15	16	17	18
1																		
2																		
3																		
4																		
5																		
6			란타넘족															
7			악티늄족															

란타넘족															
악티늄족															

56회/70회

[IUPAC에 따름]

원자번호 — $_{1}$**H** — 원자기호

원자명 — **수소** / **Hydrogen**

원자량 — **1.00**

족 / 주기	1	2	3	4	5	6	7	8	9	10	11	12	13	14	15	16	17	18
1																		
2																		
3																		
4																		
5																		
6			란타넘족															
7			악티늄족															

란타넘족															
악티늄족															

57회/70회

[IUPAC에 따름]

족 / 주기	1	2	3	4	5	6	7	8	9	10	11	12	13	14	15	16	17	18
1																		
2																		
3																		
4																		
5																		
6			란타넘족															
7			악티늄족															

원자번호 — $_1$H — 원자기호

원자명 — 수소 / Hydrogen

원자량 — 1.00

란타넘족															
악티늄족															

58회/70회

[IUPAC에 따름]

원자번호 — $_{1}$**H** — 원자기호

원자명 — **수소** / **Hydrogen**

원자량 — **1.00**

족 / 주기	1	2	3	4	5	6	7	8	9	10	11	12	13	14	15	16	17	18
1																		
2																		
3																		
4																		
5																		
6			란타넘족															
7			악티늄족															

란타넘족															
악티늄족															

59회/70회

[IUPAC에 따름]

원자번호 — $_{1}$**H** — 원자기호

원자명 — **수소** / **Hydrogen**

원자량 — **1.00**

족 / 주기	1	2	3	4	5	6	7	8	9	10	11	12	13	14	15	16	17	18
1																		
2																		
3																		
4																		
5																		
6			란타넘족															
7			악티늄족															

란타넘족															
악티늄족															

60회/70회

[IUPAC에 따름]

원자번호: 1
원자기호: H
원자명: 수소 Hydrogen
원자량: 1.00

족 / 주기	1	2	3	4	5	6	7	8	9	10	11	12	13	14	15	16	17	18
1																		
2																		
3																		
4																		
5																		
6			란타넘족															
7			악티늄족															

란타넘족															
악티늄족															

61회/70회

[IUPAC에 따름]

족 / 주기	1	2	3	4	5	6	7	8	9	10	11	12	13	14	15	16	17	18
1																		
2																		
3																		
4																		
5																		
6			란타넘족															
7			악티늄족															

원자번호 — $_1$H — 원자기호

원자명 — 수소 / Hydrogen

원자량 — 1.00

란타넘족															
악티늄족															

62회/70회

[IUPAC에 따름]

원자번호: 1 / 원자기호: H / 원자명: 수소, **Hydrogen** / 원자량: 1.00

족 \ 주기	1	2	3	4	5	6	7	8	9	10	11	12	13	14	15	16	17	18
1																		
2																		
3																		
4																		
5																		
6			란타넘족															
7			악티늄족															

란타넘족															
악티늄족															

63회/70회

[IUPAC에 따름]

원자번호 — $_{1}$H — 원자기호

원자명 — 수소 / Hydrogen

원자량 — 1.00

족 주기	1	2	3	4	5	6	7	8	9	10	11	12	13	14	15	16	17	18
1																		
2																		
3																		
4																		
5																		
6			란타넘족															
7			악티늄족															

란타넘족															
악티늄족															

64회/70회

[IUPAC에 따름]

원자번호
$_{1}$**H** ------------ 원자기호
원자명 ---- **수소**
Hydrogen
원자량 ---------------- **1.00**

족 / 주기	1	2	3	4	5	6	7	8	9	10	11	12	13	14	15	16	17	18
1																		
2																		
3																		
4																		
5																		
6			란타넘족															
7			악티늄족															

란타넘족															
악티늄족															

65회/70회

[IUPAC에 따름]

족 / 주기	1	2	3	4	5	6	7	8	9	10	11	12	13	14	15	16	17	18
1																		
2																		
3																		
4																		
5																		
6			란타넘족															
7			악티늄족															

원자번호 — $_1$H — 원자기호

원자명 — 수소 Hydrogen

원자량 — 1.00

란타넘족															
악티늄족															

66회/70회

[IUPAC에 따름]

족 / 주기	1	2	3	4	5	6	7	8	9	10	11	12	13	14	15	16	17	18
1																		
2																		
3																		
4																		
5																		
6			란타넘족															
7			악티늄족															

원자번호 — $_1$H — 원자기호

원자명 — 수소 Hydrogen

원자량 — 1.00

란타넘족															
악티늄족															

67회/70회

[IUPAC에 따름]

원자번호 — $_1$H — 원자기호

원자명 — 수소 / Hydrogen

원자량 — 1.00

족 / 주기	1	2	3	4	5	6	7	8	9	10	11	12	13	14	15	16	17	18
1																		
2																		
3																		
4																		
5																		
6			란타넘족															
7			악티늄족															

란타넘족															
악티늄족															

68회/70회

[IUPAC에 따름]

원자번호 — $_{1}$**H** — 원자기호

원자명 — **수소** / **Hydrogen**

원자량 — **1.00**

족 / 주기	1	2	3	4	5	6	7	8	9	10	11	12	13	14	15	16	17	18
1																		
2																		
3																		
4																		
5																		
6			란타넘족															
7			악티늄족															

란타넘족															
악티늄족															

69회/70회

[IUPAC에 따름]

원자번호

$_{1}$H — 원자기호

원자명 — 수소 / Hydrogen

원자량 — 1.00

족 / 주기	1	2	3	4	5	6	7	8	9	10	11	12	13	14	15	16	17	18
1																		
2																		
3																		
4																		
5																		
6			란타넘족															
7			악티늄족															

란타넘족															
악티늄족															

70회/70회

[IUPAC에 따름]

족 / 주기	1	2	3	4	5	6	7	8	9	10	11	12	13	14	15	16	17	18
1																		
2																		
3																		
4																		
5																		
6			란타넘족															
7			악티늄족															

원자번호 — $_{1}H$ — 원자기호

원자명 — 수소 / Hydrogen

원자량 — 1.00

란타넘족															
악티늄족															

| 저자 소개 |

허광선 경남정보대학교 신소재화공계열 교수

화학전공자를 위한 주기율표 이해하기

| 저 자 허광선
| 발행인 김지영
| 발행처 자유아카데미
| 주 소 경기도 파주시 회동길 37-42
파주출판도시
| 전 화 031-955-1321
| 팩 스 031-955-1322
| 홈페이지 www.freeaca.com
| 전자우편 main@freeaca.com(대표)
editor@freeaca.com(편집)
crm@freeaca.com(영업)
| 등 록 제406-2003-017호, 1980. 7. 12
| 제1판1쇄 2015년 2월 5일 발행
| 제1판3쇄 2020년 2월 10일 발행
| 정 가 14,000원

저자와의 협의하에 인지생략

ISBN 979-11-5808-008-2 93430